嶺南文化叢書

粵菜
萬花筒

附《美味求真》

韓伯泉 著

中華書局

目　錄

一

年節食俗

1 團圓飯、賣懶及其他

　　廣東傳統年節飲食之風俗習慣，一般地說與中國各地大同小異，特別是與南方一些省份基本相同，但也有獨特之處。

　　農曆歲末，除夕之夜，粵人俗稱謂之「年卅晚」。闔家團聚歡宴，食團年飯。開宴之前，要燃放鞭炮，謂之鳴宴。這是一年之後中最隆重又最豐盛之晚餐。有道是，一年日做夜做，死捱死慳，這一餐絕對不能慳。即使是普通之家，都少不了劏雞殺鴨，炒上八九個菜，歡飲一番。而且宴席上必須要有魚作為壓年菜。取其諧音，意稱謂年年有餘，圖個吉利。在食團年飯的前後，還有各種有趣的民俗活動，諸如賣懶，諸如搖竹稞、搖箸筒等等。

賣懶

除夕之夜，孩子們每人手拿一隻雞蛋和一炷線香，唱著兒歌：賣懶、賣懶，賣到年卅晚，人懶我不懶；「賣懶仔，賣懶兒，賣得早，賣俾（給）廣西王大嫂。賣得遲，賣俾（給）廣西王大姨」。也有這樣唱的：「賣懶去，等勤來，眉荳鋸，菊花圓，今晚齊齊來賣懶，明朝清早拜新年。男人讀書勤書卷，女人賣懶繡花枝。明年做年添一歲，從此勤勞不似舊時。」孩子們邊唱邊走出家門，從村頭唱到村尾，一直唱到土地廟，然後把線香插上香爐，回至家門告知父母，說「賣完懶了」，便把雞蛋分給長輩吃掉，俗稱「食懶蛋」。意謂把「懶惰賣了」，又把「懶惰蟲吃掉了」，來年將會變得勤勞了。此種年節民俗活動，類似江蘇、浙江等地的兒童在除夕之夜「賣痴」或「賣呆」。廣東人向來把「懶」看作是「絕症」，有所謂「懶惰無藥醫」的說法。因此，舊時除夕之夜「賣懶」和「食懶蛋」之風甚盛。

搖箸筒

箸筒就是筷子筒。除夕夜由兒童用手拿着一把筷子，輕輕地一上一下搖擊着箸筒，發出一陣陣頗有

爆竹聲中一歲除

節奏的聲音，邊搖擊，邊唱着歌兒：「搖箸筒，搖箸筒，箸筒心通交俾（給）我，我把心塞送俾（給）箸筒公。」按此反覆多次，最後由家中長輩說聲：「心塞送俾（給）箸筒公啦！」才能停止。接着，由父母送給兒童吃一個用糯米粉製作的「通心丸子」，這一活動才算圓滿結束。意謂天資遲鈍的兒童，從新的一年起就會變得腦巧心靈。此種風俗，實際上也是「賣痴」的另一形式。廣人叫「痴呆」謂之「心塞」；因此廣東罵人「只懂吃不懂算」謂之「食塞心」。「心通」了，人才會變得精靈。可見「搖箸筒」此種風俗，確有粵地之特色。

搖竹稞

凡有孩子的人家，都祈望孩子茁壯成長。如果孩子發育緩慢，長得又夭又矮，除夕之夜為父母者就要孩子去「搖竹稞」。此種風俗挺有趣，其做法是：吃過「團年飯」之後（也有在此之前的），長得矮小的兒童，就悄悄地獨自跑到村子附近的竹林裏去，選擇一棵又高又壯的竹子（粵語叫「竹稞」），一邊搖一邊對着竹子輕聲地唱：「年卅晚，搖竹稞，竹稞今年高過我，明年我高過竹稞多又多！」就這樣反覆搖唱數次，然後回家。回到家裏，父母立即為孩子送上一塊年糕，讓孩子吃。意謂孩子一年比一年長高長大。

竹稞

2 年晚煎堆

至於說到年宵食品之食俗，雖然廣東各地不盡一樣，但家家戶戶必備的年食，大致上有：年糕、油角、煎堆、糖環、炒米餅、炒米糖、糖金桔、糖蓮子、糖馬蹄、糖椰子等等。廣東順德縣九江之煎堆，乃是馳名之傳統年食。「廣州之俗，歲終以烈火爆開糯穀，名曰炮穀，以為煎堆心餡。煎堆者，以糯米粉為大小圓，以祀先及饋親友者也。又以糯飯盤結諸花，入油煎之，名曰米花。以糯粉雜白糖入豬脂煮之，名曰沙壅。以糯粳相雜炒成米粉，置方圓範中敲擊之，使堅如鐵石，名曰白餅。殘臘時家家打餅聲與搗衣相似，甚可聽」（《南越筆記》卷十六）。相傳唐代已有煎堆，初唐詩人王梵志詩曰：「貪他油煎鎚，愛若菠蘿蜜」。「鎚」與「堆」是近音字，故有人說「煎鎚」就是「煎堆」。（據王仁興《中國年節食俗》：「煎堆」係唐代長安的宮廷食品，本作「油鎚」，「今日廣州『煎堆』，顯然是北人南遷的結果」。）

春節期間，親友往來拜年，首先請吃「全盒」（俗

煎堆

菓盒

稱菓盒）。客人一般吃點糖果、柑桔之類的食品，預示「新年大吉」。

3 花款多多端午粽

　　立春，是中國農曆二十四節氣中的第一個節氣。廣東有的地方於這天祭祀祖先，並製薄餅，以薄餅、生菜等互相饋食。清明節，割肉劏雞、蒸製糍粑之類糕點掃墓，拜祭祖先，廣人俗叫「拜山」。祭品用作宴食。也有聯宗結拜祖墓的，拜後舉行聚宴，謂之「飲清明酒」。

　　五月初五「端陽節」，廣東各地水鄉最為熱鬧。龍舟競渡（廣人謂之「扒龍船」、「鬥龍船」）、食粽子是古老相傳之食俗。粵地之粽子其花式品種特多，用料也相當考究，獨具嶺南風味。按其風味而分，有裹蒸粽、鹹肉粽、八寶粽、蓮蓉粽、荳沙粽、梘水粽、荳沙梘水粽等等。粽子餡有鹹肉、雞肉、燒肉、蠔豉、鹹蛋、香菇、綠豆、栗子等等。油水充足，吃來清香可口。

八寶粽

端午粽

龍舟競渡

　　七月十四日為盂蘭盆節，廣東有的地方叫「做七月半」。相傳係南北朝梁武帝時始設之佛教節日。粵人也過這個節日，「十四祭先祠，歷為盂蘭會，相餉龍眼、檳榔，曰結圓，潮州曰結星」（《廣東新語》卷九）。

4 中秋賞月與重陽結緣

　　八月十五中秋節，粵語謂之「慶中秋」、「豎中秋」。這個傳統節日，廣東各地相當隆重。各家酒樓餅

家，從八月初起便大量推出「中秋月餅」，一直延至節日那一天。廣州及省內各地之月餅豐富多樣，品色俱佳，早已飲譽海內外。據《中華全國風俗志》（下篇·廣東）載：廣東之月餅，「其味之精美，為各省所無。上海所銷售者，亦遠不及之」。又云：「廣州每至八月初間，城中各餅店，門前掛一挑鑿通花金色之木牌，上刻『中秋月餅』四字……店中陳列之月光餅，有圓式者，有方式者，有橢圓式者，有多角式者，大小亦各不同。有大似盤者，有小似盌者。表面用種種顏色繪花草人物等圖，裝以玻璃盒或紙盒，甚是美麗，人家多買之贈送親友。另有一種月餅，因餡之材料不同，分甜肉、鹹肉、荳沙、荳蓉、蓮蓉、麻蓉、燒雞、燒鴨、金腿等種種名目。節前，人亦多買之以贈送親友，名曰送節。迨至中秋節一日，各商店、各工廠，均皆休息。是日清晨，各家將月餅、柚子及各種菓品，陳列於桌上，焚香燃燭，祭祖禮神，家中大小，互相慶祝，並到親友家去慶賀，名曰拜節。迨至夜間，在天台或後園曠地，陳設方桌，陳列月餅、柚子、炒螺、香芋等，並燃香燭，各婦女向明月禮拜。拜畢，燃放炮竹，並坐明月之下，談話、歡笑、唱歌、食菓餅，並有設筵夜宴者，至深夜月

落，纔各散去，名曰賞月。亦有在翌夜再宴者，名曰追月。」這是對廣州地區 1922 年以前慶中秋景況之指述，雖然時過半個世紀了，今天看來其情景基本上仍是如此。

九月九日重陽節，俗稱「重九」。廣東主要習俗是登高、掃墓、放紙鷂、飲酒。而廣州人有「九日載花糕萸酒，登五層樓雙塔，放響弓鷂」之俗（《廣東新語》卷九），當時景象如清末《廣州竹枝詞》所描寫的那樣：「秋風吹向玉山游，萸酒花糕壓擔頭，流鷂分明聲不斷，登高人上五層樓。」重陽節在潮汕一帶，據說舊日有「結緣」之習俗。何謂「結緣」？說是在「重九」期間，親友鄰舍互送食品「油麻丸」。此種食品係用油麻籽、花生米碎、沙糖作餡，以糯米粉作皮蒸製而成的糕點。「丸」與「緣」同音，相互饋贈「丸」子，也就是

重陽花糕

重陽節傳統糕點

互相結緣之意。人們在節日裏互贈此種食物，藉以增進人際間之關係，是很有意思的。

冬至，是中國農曆二十四節氣之一，又稱「冬節」。廣東有句俗諺：「冬至大過年」。故唐代劉恂在其《嶺表錄異》裏，有「嶺表所重之節，臘一、伏二、冬三、年四」之記述。廣東人過「冬節」，除劏雞殺鴨，製作糕點祭拜祖宗之外，舊日還有「冬至食魚生」之習慣。因此種食俗不合衛生，業已廢止。

5 福星高照九層糕

以上是粵地歲時節日飲食風俗之一般情況，並非廣東人年節食俗之全部內容。有道是「百里不同風，十里不同俗」。就廣東之歲時節日食俗而言，即使是屬同一食區，由於居住地域和生活條件的差異，其生活習慣也就不盡相同，而反映在食俗上亦存在着這樣那樣的差別。例如，香港人過年所必備之年宵食品，和廣州人所喜歡的差不多，多是煎堆、油角、年糕之類，因此，省港澳一帶流行着這樣一句順口溜：「年晚煎堆，人有我

九層糕

有。」可是，港人卻不愛食糯米製品，過年所蒸的年糕，無論是甜的，或是鹹的，大多數以粳米為主，有時摻入少量糯米粉，但絕少全用糯米粉製造的。

棲息在珠江口一帶之蜑（dàn）民（水上居民）年節製作的年糕，純是用粘米磨成米糊製成。糕分九層，連蒸九次，故名為「九層糕」。這是一種鹹食之年糕，用粘米糊蒸煮，拌入葱花、芝麻、花生碎、豬肉粒、雞肉粒，並以五香粉調味，每蒸一層加一層味料，直蒸煮到第九層為止，意謂福星高照，長長久久，很吻合生活在水上人家的心願。然而生活在西江兩岸之肇慶居民，過年則喜愛包裹蒸吃。有道是：「除夕濃煙籠紫陌，家家塵甑裹蒸香」（清代王士禎《竹枝詞》）。

6 驚人的大餅

特別值得一提的還有雷州半島居民過年所蒸製之年糕。

雷州半島屬湛江市管轄範圍,包括徐聞、海康等縣。雷州半島之居民過年過節製作之年糕種類繁多,但最奇特的有「大餅」和「木葉餅」。「大餅」又謂之「大餅年糕」,俗稱「大籺」。這種年糕之大,大得驚人,一個大籺足夠幾十人吃。每隻大概直徑有二尺左右,圓形,其厚度約四至五寸。其製作方法是:先把糯米磨成粉餬,然後加入煮溶了的紅糖水或白糖水,調成稀稠適度之餬漿,便倒注進「籺筐」裏加熱蒸熟,故又叫「圓籠籺」。大籺蒸好後,待到過年之時就把它擺放在廳堂裏,預兆着人壽年豐。吃時,要吃多少,就切下多少。大籺結硬後,可把它切成小塊放在鍋裏加熱,或煎或煮,任君愛好,香甜可口,饒有風味。雷州半島之居民,過年製作的另一種年糕叫「木葉餅」。木葉餅係圓形,直徑四五寸,兩邊均用數片木菠蘿樹葉黏住,故謂之「木葉餅」。這種年糕是用糯米粉做皮,用椰絲、花

木葉餅

生、木瓜、蕃薯，加上白糖、蝦米、香料等調和做餡。
蒸煮熟透之後，可放置十天半個月，春節期間用來招待
親友，其味道也佳。此外還有「菜包餅」、煎堆、油角
之類，與廣東其他地方之年節食品都差不多，無甚可述
的了。

7 「吃生菜會」的妙用

　　在珠江三角洲南（海）番（禺）順（德）一帶，
陰曆正月還流行「吃生菜會」這種食俗。據順德縣民間

相傳，每年正月廿六日子時至亥時，係觀音菩薩大開金庫，借錢於民，助民致富的時刻。因此每逢這天，前來向觀音進香「借錢」之善男信女成千上萬。除了來自就近的容奇、桂洲以及順德各鄉鎮之邑人外，還有來自鄰縣中山、新會、南海等地的，甚至有香港、澳門、星洲、南洋等埠的信奉者趕來朝拜。在這期間，飲食方面以「吃生菜會」最有地方特色。所謂吃生菜會，實際上就是大家聚會在一起吃生菜包。生菜包的主要原料是蜆肉、生菜、韭黃，配以其他佐料炒好，然後盛到盆子裏備用。吃時將事先洗淨的生菜葉鋪展開，食者根據自己的需要，用瓢子舀上適量的蜆肉、韭菜放置葉子中間，

生菜包

再輕輕地用葉子把放在上面的食料包裹住，食者便可以吃食了。朝拜觀音菩薩吃生菜包，目的是圖個好意頭。因生菜包每種原料，都有其特定含義：蜆肉含有較重「泥氣」，其性質屬於濕熱，民間認為如有損手爛肉者，痊癒了多年吃了蜆肉都會重新復發，故迷信者視其為「大發」之物；生菜，則取其諧音「生財」；韭黃，則以「韭」為諧音，即長長久久之意。整個生菜包的含義是：生財、大發、長久。這樣說來，似乎有點牽強附會，但此種信俗，自古已然。它正好反映了粵人飲食風俗習慣之心態：通過食物祈求美好生活，追求美好未來的一種強烈願望。而今，還以「生菜會」這種形式，促進人際間的關係，開拓城鄉和對外經濟貿易呢。

二　粵式「口福」

1 三餐必大米

人所共知，廣東人日食三餐以大米為主食。此種飲食之風俗習慣，是由廣東農業耕作以種植水稻為主這一客觀條件決定的。

廣東地處中國南疆邊陲，屬於亞熱帶氣溫區，氣候溫暖濕潤，水源充足，「民以水田為業」（宋王象之《輿地紀勝》卷十一），稻飯羹魚。所以，粵人自古「以粘為飯，以糯為酒」（《南越筆記》卷十六），及至現在，大體上仍是如此。

當今有些城鎮，特別是大中城市，諸如廣州、深圳、珠海、汕頭、佛山、湛江、韶關等市，生活節奏加快，麵製食品增多，麵食日趨興起，還有食西餐的。但就全省而言，絕大多數居民，仍以大米為主食，麵食為輔；或飯，或粥，或米製之糕點，保持此種傳統的飲食

習慣。

廣東有許多口頭禪和土語，其組詞表意都與「米」字有關，如人死了，謂之「不食廣東米」；家中增添了一口新人，謂之「加多了一碗米飯」；罵人好食懶做，謂之「蛀米大蟲」；諷刺別人辦事無能，謂之「食貴米」；批評他人做事不知其危險性，謂之「嫌米貴」（嫌命長）；挖苦人家腦子不開竅，謂之「食餿米」等等。諸如此類的說法，都萬變不離其宗，說來道去離不開「大米」。把「大米」與生老病死、勤勞懶惰、精明愚蠢聯繫在一起。大米在廣東人生活中之地位重要，由此可窺見一斑了。

2 蛇蟲鼠蟻皆可口

粵人雜食早享其名，其食物之雜，雜到實在令人難於統計。以動物而言，除豬、牛、羊、雞、鴨、鵝、魚、蝦之外，還有鳥獸、蛇蟲、鼠蟻、鱗介等各種大小動物，諸如貓、狗、龜、兔、鼠、鱉、猴、螺、蜆、貝、蛇、禾蟲等等，難以勝舉。「以射生食動而活，蟲

夗能蠕動者皆取食」（宋范成大《桂海虞衡志》：《志蠻·獠》）。又，「南人口食，可謂不擇之甚。嶺南蟻卵、蚺蛇，皆為珍膳，水雞、蝦蟆，其實一類⋯⋯又有泥筍者，全類蚯蚓。擴而充之，天下殆無不可食之物。」（明謝肇制《五雜俎》物部一）「其飲食之異者，鰍、鱔、蛇、鼠、蜻蜓、蝮、蛟、蟬、蝗、蟻、蛙、土蜂之類以為食，魚肉等汁暨米湯信宿而生蛆者以為飲。」（明錢古訓《百夷傳》）珠江三角洲以鼠為佳餚，「鼠脯，順德縣佳品也。鼠生四野中，大者重二斤，斸得其穴，累累數十，小者縱之，大者炙為脯，以待客，筵中無此，以為不敬。」（《嶺南雜記》）雷州半島之居民古時喜食「雷公馬」：「雷公馬產雷州，可食。故北人每謂雷州人食雷公，其實雷公馬也。」（清檀萃《楚庭稗珠錄·蟲夗類》）據說，古時嶺南人喜啖蛇鼠之類，往往易其名而稱之：蛇謂之「茅鱔」，螽謂之「茅蝦」，鼠謂之「家鹿」，蚓謂之「土筍」，確是有趣。

　　總而言之，粵人向以雜食為榮，喜食各類飛禽走獸、魚蝦蟹貝，凡無毒而能入口者，都充分利用，一律用來烹食，確是「不問鳥獸蟲蛇，無不食之」；「花草蟲蛇，可為上菜，飛禽鼠蟻，可成佳餚」了。

　　粵人此種食風食俗，自古及今有增無減，甚至食得更加精細，這與當今提倡保護和禁止濫殺野生動物發生了嚴重衝突。不少廣人遠未認識到「保護野生動物，其實就是保護人類自己」這一道理，一提到「進補」，總離不開珍禽異獸。於是乎，穿山甲、娃娃魚、貓頭鷹、大蟒蛇等等，都成了人們供養「五臟廟」（廣人俗稱腸肚謂之「五臟廟」）的祭品。因此，對粵人此一食風食俗，人們既喜之也憂之。

3 喜甜不喜辣

　　粵人喜食甜食，尤以暑天為最。這與粵地盛產蔗糖和廣東天氣炎熱有關。由於廣人酷食甜食，故甜味食品特多，一年四季，廣東城鄉各地小食店都有甜品供應，諸如綠豆沙、芝麻糊、甜燉蛋、蓮子糖水等等。

　　然而，從外地人看來更感到奇怪的是，廣人愛吃甜食，並非只局限於甜飲料或甜糕點之類的食品，甚至連炒菜、燉肉、煮粥、包粽子都要放糖，否則便說「無味道」。在日常飲食中，廣東人把糖與鹽視為同等重要，

廣東甜品

所以，清代屈大均在他撰寫的《廣東新語》中，就發出了「廣東人飯饌多用糖」的感慨。事實上，如果拿中國西南鄰省的湘菜、黔菜、川菜與粵菜相比較，人們不難發現，前者重辣，而後者偏甜。據傳有這樣一個笑話：

一次，有四個人同進一間川館吃飯，四人中，一個湖南人、一個四川人、一個貴州人，還有一個是廣東人。廚師問：怕辣麼？那個廣東佬辣得滿頭大汗，難於啟口，只得默默點頭。湖南人說：不怕辣。四川人接著道：辣不怕。那位貴州人則補充說：怕不辣。

可見廣東人吃慣了甜食，吃辣度高之川菜當然是招架不住的。筆者也有體會，有一次赴貴州，有幸參加一次盛宴。筵席之豐盛不必多說了，但是每碟菜都是辣的，而且辣到無法下咽。於是，我只好勞駕服務員為我端來一碗白開水，將菜餚之辣味洗去，才勉為其難地分享到此頓美餐。席間，同僚開玩笑說：「老廣」（外省人對廣東人之戲稱）是糖水泡大的 —— 辣不得！故「辣不得」，便成了我這位「老廣」嗜食甜食的代名詞。

4 色香味俱美

廣東調味以清甜為主，酸辣次之。粵菜的炮製，有蒸、滾、焗、焗、煎、炸、炒、炆、燉、泡、扒、扣、灼等幾十種作法，烹調技藝重色彩，講鑊氣，求刀法，食味道。因此，粵菜一向追求色、香、味俱美；見之悅目，食之惹味，嚼之爽滑。這除了選料、刀法、調味之外，對於「鑊氣」也就非常講究。炒菜有無鑊氣，有經驗的廣人食客一看便知。過火則燒糊，粵語叫「燶」

（焦）；不够火候，其味木然，色素不佳，粵語叫「漚熟」
（泡熟）。所以，粵菜是以「鑊氣」著稱於世。無論是
炒菜，抑或是炒飯、炒粉、炒麵，都要熱氣騰騰，肉熟
適當，才稱得上美味可口。廣東廣泛流行着這樣一句順
口溜：「睇（看）戲睇（看）全套，食嘢（食物）食味道」。
所說的內涵大概就是這個意思。

　　廣東是魚米之鄉，水產豐富，廣人不但吃魚之風甚
熾，「寧可一日無肉，不可一餐無魚」，而且對魚食之
烹調及製法也特別挑剔。比如「蒸魚」，要求僅熟，如
果蒸得過熟，粵語謂之「蒸老了」，認為失去了原味，
不鮮美。再說「炒魚片」，一要魚片切得薄（薄如紙），

廣人喜食魚

二要下鑊油多，三要火猛，四要快炒。魚片倒至火紅的鐵鑊裏，輕輕翻動幾下，把魚肉片炒成凹形，即鏟到碟裏上席，是為上乘。如果炒得過熟，粵語謂之「炒老了」，便嗤之為「土佬」「唔識食」（意謂鄉巴佬，不懂吃）。因此，廣東人吃魚，要吃活魚，不喜歡吃死魚。肉市場出售的魚，常用大水池養着，生猛欲跳，任君挑選，即劏即賣，足够新鮮。同時，廣人吃魚，有一套完整的「食魚經」，這也是中國別的地方罕見的。其「經」是：

> 第一鯆，第二鯴，第三馬鮫郎。
> 水鯪土鯽，病人宜食；鯪浮鯽沉，可以滋陰。
> 熊魚頭，鯇魚尾，鯪魚肚腩，鯉魚鼻。

意謂吃熊魚（俗稱大頭魚）要吃頭（因為熊魚頭魚雲大且滑），吃鯇魚要吃尾（因為鯇魚尾肉嫩），吃鯪魚要吃腩（因為鯪魚肚腩脂香），吃鯉魚要魚鼻子（因為鯉魚鼻子滑，而鯉魚肉質較粗）。

由此可見，廣人吃魚之精、之細、之刁了。

5 四時品味各不同

　　廣東的飲食習慣，往往隨季節時令變化而變化，推出不同時令之「時菜」。絕不會「一本通書讀到老」，常年一個菜譜。一年之中，春夏秋冬有不同之食譜和不同進食的習俗。一般地說，冬春重濃郁，夏秋尚清淡。熱天多吃些清涼的食物，諸如喜食綠豆糖粥、蓮子燉鴨、冬瓜瘦肉盅、苦瓜燴魚片之類的菜式；冷天則多進攝滋補之類的食品，諸如狗肉火鍋、「三蛇會」、「人參雞湯」之類的補品。因此，**粵地許多酒樓飯館，參照人**們這一食俗心態，根據不同時令推出不同的食譜，以廣招食客。有些茶樓還推出「星期美點」，每星期以十鹹十甜，或十二鹹十二甜來配合時令食俗。以煎、蒸、炸、炕等方法炮製，以包、餃、角、條、卷、片、糕、餅、合、筒、撻、酥等形式精製食物，備受食客歡迎。

　　粵人飲食時令性強這一特點，還表現在粥食方面。廣人講究吃粥，除了一年四季有不同之粥譜外，甚至一日之中，早、午、晚三時，大眾之食法也有所不同。通常早上食「明火白粥餸油條」，或「及第粥」、「豬紅

牛肉粥

粥」；中午食「豬骨粥」、「柴魚粥」、「雜燴粥」、「肉
粥」或「糖豆粥」；晚上食「滑牛粥」、「滑雞粥」、「魚
雲粥」、「蝦球粥」、「粉粥」（炒河粉餕粥）之類，但絕
對不吃「豬紅（血）粥」。因廣人有一種舊觀念，說「早
上人吃血，晚上血食人」。意謂早上吃豬紅粥對人體有
好處，可以「洗塵」，而晚上吃豬紅粥，不但無益，反
而有害。姑不論此種說法是否科學，可是古今相傳，已
成了飲食之信條，世代恪守不渝。

6 食醫和食補

這又是廣東人飲食風習之另一特點。所謂「食

醫」，就是指飲食中食物之藥療作用，故又叫「食療」。廣人崇尚食醫，表現在日常飲食中許多方面，現就以下三方面略作介紹：

一是崇尚飲「涼茶」——

有關廣東人崇尚飲涼茶的食俗，須從民間故事「蘿蔔菜茶換知府」談起：蘿蔔菜茶係粵東嘉應州民間常用的一種「涼茶」。它是用蘿蔔苗加鹽封醃、曬乾而成。有去濕生津之效，常服有「除百病」之功。話說清朝乾隆年間，嘉應州才子陳德偉上京謀官，旅途投宿客棧，聞一名商人裝扮之住客患了濕熱病，病情嚴重，一時又找不到郎中。陳生便把家鄉帶來的蘿蔔菜茶送去給其服用。客人連服二包之後，翌日濕熱病痊癒。他對陳生甚是感激，便問陳上京意圖，陳生直言不諱，再「考」他的文才，陳生對答如流。客人喜極，遂表明其身份。此人原來是微服出巡的乾隆皇帝！皇上立即賜陳生為河南彰德府知府。自此，「蘿蔔菜茶換知府」便流為美談。

皇帝也飲涼茶，而且是飲廣東客家的「蘿蔔菜茶」治好了病，確為廣東人增添了無限榮光，為廣東之涼茶提高了身價，因此粵民飲涼茶之風甚盛。

涼茶鋪

　　廣東境內鄉鎮，特別是珠江三角洲一帶，幾乎到處都可以見到有「賣涼茶」之小店或攤檔。傳統之涼茶有「王老吉」、「茅根竹蔗水」、「葛菜湯」、「五花茶」、「菊花茶」、「三虎堂」涼茶等等，其名堂之多，飲用之便，飲者之眾，別處實在少見。其中又以「廣東王老吉」最為出名。一說到「王老吉」，廣東的老少婦孺無人不曉得它是涼茶：「夏天祛暑濕，秋天防燥熱」，已成眾口皆碑。據說，它已有一百六十年的歷史了。儘管近年各種各樣的軟包裝時興飲料充斥市場，但「王老吉」之名聲還不減當年，仍然是平民大眾喜愛的價廉實惠的最佳藥食飲料。

二是崇尚吃藥粥 ——

藥粥，即藥物與穀米同煮之粥。吃藥粥可以「防病治病」，又可「攝生自養」，此一道理，國人早已曉得。「米雖常食之物，服之不甚有益，而一旦參以藥投，則其力甚巨」（《本草求實》）。長沙馬王堆漢墓出土文物之十四種醫書中，就發現古人用「青粱粥」治療蛇咬傷，用加熱石塊煮米粥內服，治療肛門癢痛等食醫。粵人受此飲食古風影響深遠，廣東各地都有愛食藥粥的習慣。常用的藥粥有：「白菓薏米粥」（祛積）、「綠豆粥」（解暑）、「茅根竹蔗粥」（沖熱）、「赤豆茯苓粥」（粵語通稱「去濕粥」，係用赤小豆、土茯苓、生薏米、白扁豆、木棉花與大米同煮之粥）等十多種。時至今日，廣人不但還繼承傳統慣食以上之藥粥，而且在民間仍傳唱着《粥療歌》：

要使皮膚好，粥裏加紅棗。

若要不失眠，煮粥添白蓮。

腰酸腎氣虛，煮粥放板栗。

心虛氣不足，粥加桂圓肉。

頭昏多汗症，粥裏加薏仁。

潤肺又止咳，煮粥加百合。

消暑解熱毒，常飲綠豆粥。

烏髮又補腎，粥加核桃仁，

若要降血壓，煮粥加荷葉。

滋陰潤肺好，煮粥放銀耳。

春季防流腦，薺菜煮粥好。

健脾助消化，煮粥添山楂。

夢多又健忘，粥裏加蛋黃。

三是迷信食物之神性——

這是屬於飲食中之信俗，主要表現在崇信食用某種食物對人體將會起到某些特殊效應。比如，認為吃食不同顏色或不同形狀之食物，對人體會產生不同的作用。廣東有的地方對殺食不同毛色的狗，有着不同認識：認為「食黑狗補血，食黃狗補脾，食白狗涼血」。因此，廣人多愛食黑狗肉或黃狗肉。吃豆類也往往由此類推。殺食牲畜，通常也是以其牲畜軀體之部位認定對人體之相應部位起作用。比方說，粵人認為吃豬心可以補心，吃豬腦能够補腦等等。

由於此種飲食信俗觀念支配，從而產生飲食上的諸

多禁忌。這些禁忌，有些有一定科學根據，屬於藥理藥物方面之效應，但由於塗上了神秘化色彩，就變得有點滑稽可笑。據說，廣人往日吃人參，食後最好是蒙頭大睡，但絕對不許說話，否則，便認為「人參之精氣」就會從人的嘴巴裏跑掉。從而導致這樣一則笑話：有位財主佬，一日瞞着老婆燉食了人參湯，食後害怕人參精氣跑掉，便躺在床上蓋上被子，不敢動彈。老婆回家一看，見丈夫這個樣子，不知何故，便上前詢問。但丈夫總不開口說話，只眼瞪瞪望着妻子。老婆以為他「中風」撞邪了，立即煎來一碗濃濃的薑湯，要丈夫喝下。丈夫死不肯喝，只是指指嘴巴搖搖腦袋又躺了下去。他老婆一急，按住老公的頭，撬開他的嘴巴，用勁把薑湯灌了進去。「嘩」一聲，薑湯連人參湯全嘔吐了出來。這時老公說話了：「一支人參全跑掉了。」老婆說：「你為何不早說？」老公說：「說亦跑了，不說亦跑了！」

　　凡此飲食中之信俗，看來貌似荒唐無稽，其實它是人類童年時期人與自然之「類比意識」和崇拜食物之靈性心理，在粵人食俗中殘存着的一種遺迹。今天，人類雖然早已進入文明時代了，但其潛在意識仍留存於舊的飲食習俗中，起到一定的支配作用。

7 「意頭」的講究

粵人對食物（品）名稱的叫法，十分重視「意頭」。所謂「意頭」，即講究食物（品）之寓意性。其名稱叫法則取其吉利，避開不吉之言。比如，在婚禮筵席上，慣用「蓮子百合羹」，其意是祝福新婚夫婦「子孫綿綿，百年好合」；在壽辰筵席上，必須要有一碟「全壽麵」，以示祝願「長命百歲」。再如，廣東各地商行，按其舊規每逢農曆正月初一吃齋，意謂「吃災」（粵語「齋」與「災」諧音），把一年災難吃掉，圖個萬事如意。年初二為「開市日」，照例大擺筵席，「髮菜燴蠔豉」這一味菜絕對不可少，溯其原由，「髮菜」、「蠔豉」與粵語「發財」、「好市」都是近音，以此寓意恭祝新年生意興隆，財源廣進。俗諺說：「飢螺飽蜆」，香港本地居民，視「蜆」為豐年之物，蜆多則年豐，所以港人過年買蜆便成了老習慣。銀行金舖年前多買幾株甘蔗擺放在舖中，意謂「年年有得借」（粵語「蔗」與「借」是同音）。凡此等等都是取其意頭，圖個吉利而已。

此外，廣人對食物（品）之叫法，常另起別名，以

避不吉。這些別名因已約定俗成，知其奧妙者都心知肚明。如「豬脾」粵人叫「豬橫脷」。意謂「得利」；「豬肝」粵人不叫「豬肝」（因「肝」與「乾」同音。「乾」者，從生意人來說，即無水也。無水也就是沒有錢財。這是最忌之語），而稱「豬潤」（「潤」者濕也，其延伸之意即有油水也），示意家肥屋潤，錢財豐裕。特別是對「豬舌」的叫法，因粵語之「舌」與「蝕」同音，「蝕」又與虧本同義，此乃商行之大忌，故粵人嚴禁直呼「豬舌」，尤以屠宰行業最甚，所以另起別號為「豬脷」。對食物（品）諸如此類的禁忌叫法，不勝枚舉。

在民間，講究食物（品）名稱意頭，寄寓於吉祥如意，看來有點迷信色彩，但無可諱言，這種食俗也同時反映了粵人求美之民俗心理。避凶就吉，化險為夷；人同此心，心同此理，自古已然。是故粵人重視食物（品）的長好意頭，才會由古及今地沿襲下來。

三　食風溯源

我們從廣東飲食風習之特色中便可看到，廣人飲食風俗習慣，具有鮮明之地域性、傳承性、兼容性和開放性。現就這幾個方面探討其飲食習俗之源流。

1 立足本土

廣東古屬「百粵」（越）之地，故簡稱之為「粵」。又因它位於「五嶺」（越城嶺、都龐嶺、萌渚嶺、騎田嶺和大庾嶺）之南，所以人們又常稱它為「嶺南」。它東接福建，南臨南海，與海南島遙遙相望；西與廣西為鄰；北與江西、湖南相接。廣東又是中國緯度最低之省份，北回歸線橫穿大陸中部，高溫多雨，大部份地區屬於亞熱帶，長年無冰雪，夏季時間長，且多颱風暴雨；全省地形大體是北高南低，有山地、丘陵、平原、台地等，粵東有潮汕平原，粵中有珠江三角洲，土地肥

沃，物產豐富；糧食作物以水稻為主，經濟作物種類繁多，主要有甘蔗（除台灣外，全國甘蔗產量之一半），其次是水菓、茶葉、花生等一百多種；海域廣闊，江河密佈，山塘水庫眾多，海洋捕撈以及淡水養殖業得天獨厚，水產產量約佔全國的五分之一。這些優越的自然環境和豐富的資源條件，使得廣東之文化形態，既有山區之特點，又有海洋之特色。俗語說：「靠山吃山，靠水吃水。」這種地緣物質基礎，決定了廣東人以大米為主食、嗜好甜食、喜食魚蝦海味等等的飲食風俗習慣。比方說，「珠江三角洲處於亞熱帶，全年氣溫較高，冷熱同季，動植物繁盛，蔬菓時鮮，四季不同，可供食用的飛、潛、動、植等品類繁多。正如前人記述，人無不足之患。在這個聚寶盆，人們可以找到賴以生存的一切，這給廣州人飲食多樣化選擇提供了可能。而氣候濕熱多雨，又使人們的口味好清淡，忌濃烈。飲食講求少而精，則根植於珠江三角洲的村社生活，與人們生產上精耕細作、生活上精打細算的傳統習俗同出一源」（「羊城書系」《廣州人：昨日與今日》）。如潮汕地處海濱，生活在潮汕平原之潮汕人，得「海」和「地」之獨厚，潮食如同潮繡一樣，同樣「清淡巧雅」，以清淡見百

潮州小吃　鹹水粿

味。筵席多以海鮮為主，烹調力求精美。燒海螺配梅膏
芥末，清燉水魚放紅豉油，水粿撒菜脯粒，龍蝦旁邊定
有桔油，日月蠔湯少不了鹹酸菜，潮州粥和着鹹烏欖角
一起吃等等，都是富有地方特色的潮汕風味，它同樣與
潮汕這一地理環境有着密不可分的關係。

　　再從另一角度來看，廣東境內居住之羣體眾多而且
複雜。有操用廣州方言者，有操用閩南方言者，也有操
用客家方言者，這些操用不同方言的羣體，生活在不同
的地域，有着不同的飲食風習。如果從民族成份來說，
廣東除漢民族之外，還有聚居粵北之瑤族和壯族等少數
民族，他們既有與漢族共同的飲食風習，又有其本民族

各自的飲食習俗。民族之多元化，也形成廣東飲食風俗習慣之多樣化。

2 傳自中原

這是指中原之飲食風俗文化（包括中原漢族與其他民族之飲食文化）在粵地流傳沿襲，及對廣東飲食文化之影響。

衆所周知，廣東在禹貢揚州之南，春秋為越（粵）地，遠離中原，地屬邊徼，古有「南蠻」、「瘴地」之稱，開發較晚。據先秦史書《墨子》（《魯問》《節葬》篇）及萬震的《南州異物志》和楚辭之《招魂》等記載，上古時代之嶺南會有過「祭祀食人」、「葬儀食人」等陋俗，如：「魂兮歸來，南方不可以止些。雕題黑齒，得人肉而祀，以其骨為醢些」（楚辭：《招魂》）；「楚之南，有啖人之國者。其國之長子生，則解而食之，謂之宜弟」（《墨子·魯問》）等所言的便是。直至先秦之際，越（粵）地仍留存着茹毛飲血的原始食俗。

自秦漢起，中原人大規模由北南遷，把黃河流域之

食風食俗傳至嶺南各地，才使粵人之飲食之文化漸開明進步，例如，廣東民間有句俗諺：「夏至狗，無碇走。」狗本屬陽，性熱。按照廣東之氣候，冬天才是吃狗「打邊爐」的旺季，而夏至正是嶺南炎熱的天氣，為何說「夏至狗」呢？其中就有一段來歷。

夏至殺狗，原是中原習俗，隨後才流傳至粵地的。「夏至磔狗」之俗，最早見於《史記》。據說戰國時期，秦公即位，次年六月，天氣酷熱，秦德公把這個節定為「三伏」，讓王公大臣隱伏避暑。可是黎民百姓在地裏耕作，還得受火燎日烤之苦。加上天時不正，疫病流行，不少人患病送了性命。由於無知，卻認為是神鬼不佑，妖魔作祟。秦德公只好按傳說而行，下令殺狗禦蠱。意謂狗為「陽畜」（又稱「金畜」），能辟邪氣，於是在夏至初伏時紛紛殺狗，並將其肢體懸掛於四大城門之上。這就是《史記》所載：秦德公「磔狗邑四門，以禦蠱菑（災）」，「夏至磔狗」之由來。上行下効，從此每年初伏期間照例大殺其狗。這種習俗傳至粵地之後，善食應變之粵人，便借題發揮，把「殺狗禦蠱」轉化成口腹之惠，並總結出有地方特色的「冬至魚生，夏至狗肉」這一食經而廣為流傳。

　　再如，流傳在粵東興梅客籍地區之「挾食」食俗，相傳在中原陝西漢中一帶，早在秦漢之前就很流行。說是春秋列國時代，魏國有個大夫尹考叔，不但為官清廉，而且還是個大孝子。一天，魏王大宴羣臣，尹考叔被邀請赴席，吃的全是山珍海味。尹考叔舉起筷子挾肉並不進口，卻放進自帶的一個布袋裏。魏王看見了很奇怪，問道：「難道今日之佳餚不合愛卿之脾胃？」尹考叔稟告：「御宴如此豐盛，足以暢懷享用。只因家中尚有八十老母不得嚐此美味，故留於布袋中帶回。」魏王一聽，果真是個大孝子。馬上吩咐廚下發給每位入宴者一個小袋，讓他們將捨不得吃的包回家中孝敬父母。從此，天下老百姓也都仿效尹考叔，無論到哪裏赴宴坐席，主人都把包肉的袋放在餐桌上，讓客人挑選食品包回去。後來此一食俗隨着中原人南遷而流傳到粵東各地，遂演變為客家人之「挾食」。

　　事實上，廣東的所有年節食俗，幾乎都是直接間接從中原傳入的。比方說，「元宵節吃湯圓」，溯其源大概是出自漢代。相傳漢武帝時，京都長安盛傳火神君要來火焚帝闕，而火神君愛吃湯圓，只要用湯圓敬奉，便可消災免禍。於是，漢武帝下令正月十五日晚全城臣民

都做湯圓。聽說宮女元宵做的湯圓特別好，漢武帝就讓她手提大宮燈，宮燈上寫上「元宵」的名字，用人端着她做的湯圓，穿街過巷，虔誠供祭雲游於長安上空的火神君。這一夜，京都長安果然安然無恙，漢武帝大喜，因此就欽定每年正月十五照例讓元宵做湯圓供奉火神君。自此相沿成習，人們就把這天的湯圓叫「元宵」，而這一天也就稱為「元宵節」。此則雖屬傳說，不足為據。但它卻能令人從民間習俗之傳承性這一角度，看到粵人元宵吃湯圓這種食俗之由來。

廣東由於水陸交通都比較方便，廣州（番禺）自秦漢之後便逐步成為華南的政治經濟中心，全國許多地方的食品、食法、食俗不斷通過各種渠道流傳到粵地。如渝地（四川）出產之枸醬，也能從夜郎（貴州）經牂牁江進入廣東西江，而運到廣州（番禺）。又如前面所說的，粵人嗜甜食，其糖製食品堪稱全國之冠，但其中有些食法卻是由外地傳的。據說，廣東烏糖之製法及其食俗，乃是唐太宗遣派貢使傳授下來的：「烏糖者，以黑糖烹之成白，又以鴨卵清攪之，使渣滓上浮，精英下結，其法本唐太宗時貢使所傳」（《廣東新語》卷十四）。尤其是到了南宋末年，因中原連年戰亂，高宗

倉皇南渡，中原大批官員與庶民逾嶺南下，散居嶺南各地；接着於南宋末葉，蒙古軍大擧進兵中原，一些士大夫（如文天祥、陸秀夫等）以及大批庶民也隨帝南遷，後寓居南海番禺各地，這就使得中原以及別處之飲食文化在粵地更加廣泛地傳播，至今在廣東民間還流傳着各種各樣的美談。

嶺南本地居民原無麵食之習慣，據說麵製品「油條」大概是宋代期間傳到粵地的。「油條」在南宋臨安（杭州）叫「炸秦檜」、「油炸檜」，但粵人向叫「油炸鬼」，慣與白粥一起食，謂之「祛熱氣」。廣東人為何叫「油炸鬼」？相傳紹興十一年（1141 年），金兵南犯，高宗趙構聽信奸臣秦檜夫婦讒言，把愛國忠臣岳飛暗害於杭州風波亭。風波亭附近有個賣小食的店主得知這一消息，一氣之下用麵粉捏成兩個麵人，代替秦檜夫婦丟到油鑊用油炸，借以解恨，所以叫「油炸檜」。為了避諱，又由「油炸檜」改叫為「油炸膾」。此種叫法傳至粵地，粵語「檜」與「鬼」發音相近，而含有憎惡之意，因此由古及今叫「油炸鬼」了。

再有，在潮州菜譜中有一味名菜叫「護國菜」。相傳南宋少帝趙昺兵敗，從臨安一路逃至廣東，至潮州時

民國著名粵菜館 —— 廣益酒家

和陸秀夫等羣臣寓宿在一座深山古廟裏，寺僧見少帝又飢又餓，疲憊不堪，只好就地取材，採摘新鮮之蕃薯葉製成湯餚，款待帝君。趙昺君臣此時飢不擇食，見這湯餚碧綠清香，軟滑味美，食之更感爽口，十分讚賞，便把這湯餚賜名為「護國菜」。後來，「護國菜」傳到市肆，經名師改進，雖仍以蕃薯葉為主料，但配以冬菇、火腿、蝦仁，並用頂湯燴製，食之鮮涼可口，滑而不膩，而馳名於海內外。

3 楚粵兼容

中原飲食文化對粵地之影響固然重要而明顯，但易被人們忽略的是荊楚飲食文化對廣東的影響。

先從長沙馬王堆一號漢墓（以下簡稱「一號漢墓」）出土之食物來看，肉食品有牛、鹿、豬、狗、兔、雞和鳥類、魚類，其他有豆類、水菓、蔬菜和蛋類等等。另有墨書竹簡（隨葬物品之「遣策」）所標明的器內食品一批，記載着全部飯、飲、酒、食，有許多連《禮記·內則》都沒有記載的。透過這些文物材料，可以看到古

代楚粵居民飲食之風貌。

　　楚粵之地自古都是以穀米為主糧，是中國主要稻米產區，有「湖廣熟，天下足」之美譽。早在屈原《楚辭・大招》中就有「五穀六仞」之說，東漢王逸在《楚辭章句》中注釋：「五穀：稻、稷、麥、豆、麻也」，把稻穀列為「五穀」之首。可見穀米對楚地居民之重要了。「一號漢墓」之食物中，發現有品種多樣之穀米，如秈、粳、粘、糯等，還有品種繁多之大米製品，如：

　　孝餳（簡 97）：「孝」讀膠，從孝聲之字如酵即讀如膠；「餳」，精米。「孝餳」係以大米製之飴糖，即《荊楚歲時記》正月一日條說的「進屠蘇酒，膠牙餳」這種糕點。

　　稻蜜糒（簡 117）：「糒」近「糗」，即乾糧。「稻蜜糒」係以米飯和蜜製成之糕點。

　　巨女（簡 120）：即粔籹。據《齊民要術》說：「粔籹名環餅，像環膏釧形」。《廣雅》謂之「烰梳」。《楚辭・招魂》云：「粔籹蜜餌，有餦餭些」。粔籹係一種「用秫稻米屑，水、蜜溲之，強澤如湯餅麵，手搦團，可長八寸許，屈令兩頭相就，膏油煎之」食品，俗稱「環餅」。

糍粑

卵熇（簡 123）：據考證係粘米飯炒蛋之食物。

以上幾種食品，現今廣東各地仍普遍存在，如過年過節之年糕、糍粑、糖環、煎堆之類便是，米飯炒蛋更是大眾常用之飯食。

再從「一號漢墓」出土之湯菜遺物考察，菜餚中以豬牛肉為主，兼食多種家禽牲畜。豬肉類計有「豬大羹」、「烤豬肉」、「烤豬腿」、「紅燒豬肉」、「乾豬肚」等等；牛肉類計有「牛首大羹」、「牛芫菁羹」、「牛肉乾」、「湯濯牛百葉」、「細切牛肉片」、「紅燒牛蹄筋」等等。而尤其值得注意的，這位女墓主（長沙國丞相軚侯之妻）十分愛食狗肉、魚類和飛禽。

狗肉，係廣東各地大眾之美食，有炆狗肉、燉狗

肉，最常食的是「開煲狗肉」。但是，食狗在中國南方一些少數民族中卻是禁忌（諸如粵北和湖南之瑤族是禁食狗的）。而這位女墓主不但不禁忌，而且還以之為佳餚美饌，其食法有燉、羹、烤。如「狗大羹」（簡6）、「狗中羹」（簡19）、「烤狗脅（xié）」（簡41）、「烤狗肝」（簡42）等等，可見其食俗是與粵人基本相同的。

　　魚食，同樣是粵人日常生活中最普遍之菜餚。正所謂「寧可食無肉，不可食無魚」。然而，從「一號漢墓」出土之食物遺物看到，這位女墓主生前也喜食魚鮮。據粗略統計，她常食的有鯉魚、鯽魚、鱯魚、銀鮰等，而且有鯽魚羹、魚藕羹、魚膾等多種食法。

　　殺食飛禽走獸，並視之為山珍，也是粵人食俗之特點。粵語說「三雞不及一鴿」（鴿泛指飛禽），就是這個意思。故富有人家，往往不惜重金購買殺食。而「一號漢墓」陪葬之物除家禽外，還有不少是飛禽之美味，諸如「熬鷫鴣」（簡76）、「熬鵪鶉」（簡77）、「熬鶴（hè）」（簡72）、「熬瘑（dǎo）」（簡74）、「熬麻雀」（簡79）等等，而尤以熬鵪鶉、熬麻雀為最。此二種野味，粵人也最為愛食。女墓主食麻雀之方法，除「熬」（此一炮製法與廣東「焗」同，下文另有談及）之外，還把

麻雀劏淨剁爛，熬成「麻雀醬」。此為食療之用，具有滋陰壯陽之效。迄今，廣東民間常以「炸麻雀」為醫治男性不舉，或舉而不堅之有效藥物。由此觀之，楚、粵人食鵪鶉和麻雀之食俗，其源古遠。

又從烹飪習慣食法看，「一號漢墓」出土竹簡所記與粵民之烹飪食俗，是何其相似，現例舉數種如下：

炙：火烤也，也謂之燒烤，如出土之竹簡所書之「牛肋炙」、「豕炙」、「鷄炙」等等便是。

膾：肉細切謂之膾。枚乘《七發》云：「羞炰膾炙，以御賓客。」如出土之竹簡所書之「牛膾」、「羊膾」、「魚膾」等等便是。

粵菜烹飪

　　熬：即烤乾、煎乾。如出土之竹簡所書之「熬豚」、「熬雞」、「熬麻雀」、「熬鵪鶉」、「熬鵠」等等便是。

　　濡：「一號漢墓」出土之竹簡書有：「牛脣脂蹄濡一器」（簡89）。《禮記·內側》說：「濡豚濡雞」。《注》：「濡謂烹之以汁和也。」此種烹飪類似「紅燒」，粵人謂之「炆」、「燜」，即用文火慢煮食物，讓其熟透，連汁食之。

　　羹：上古是指用肉或菜調和五味做成帶湯之食物。此位女墓主在日常飲食中大概很講究喝食湯羹，故出土之竹簡記載有多種多樣之湯羹，諸如「牛白羹」、「鯽白羹」、「小菽鹿腊白羹」、「巾羹」（「巾」同「芹」，即「芹菜羹」）等等便是。

　　縱觀上述各種食物、食法和食俗，我們可清楚地看到，生息在長江以南之荊楚居民與南粵珠江流域之粵人一樣，他們都以稻米為主食，以水產為佳餚，喜食各種野生動物，呈現出一種與黃河以北的居民羣體以麵為主食相殊異的傳統飲食習慣。而廣東有些飲食習俗或効仿或傳承於荊楚之地，這是完全有可能的。

　　粵人喜食「魚生」（魚膾），此一食俗，從「一號

漢墓」出土食物遺物表明，楚地二千多年之前已經風行。據醫學界對「一號漢墓」之墓主屍體解剖檢查發現，女屍患有「血吸蟲病」。此病疑與她生前愛食「魚生」有關。因生魚肉含有肝吸蟲及其他寄生蟲，常吃「魚生」自然會得此病。此是其一。

其二，粵人喜食燒豬，但凡喜慶之事必以「金豬」為供奉之食物，而「燒乳豬」更是廣東之傳統名菜。過去據《齊民要術》稱，此一烹調食法是始於山東，盛行在一千四百年之前。可是「一號漢墓」所載之「豕炙」（烤豬）則是二千多年前的事，可見說粵地燒烤乳豬之烹調技藝是從楚地傳承而來，似更為在理。

其三，粵人重湯羹，先湯後飯；凡是筵席必須要有美羹，這已成了禮規。而楚地這位女墓主，死後也按她生前習慣，用各式美味湯羹隨葬（據出土之簡文共記五種羹，盛於二十四個鼎中，其數量非常可觀），看來並非是一般點綴性之陪葬品，而是漢代喪禮和喪俗的一種禮俗。漢代曾流行過「死人當生人看待」的一種葬俗，為了使死者在另一世界繼續過美好生活，死者生前各種各樣的美食，也就成了主要的隨葬品。當然，「湯菜」（羹）之首創者並非楚人，而傳說是商朝宰相伊尹。但

楚地重視喝羹湯之食風，對粵人起到更直接的影響，而且諸如「鯽白羹」、「巾羹」（芹菜肉羹）之類的湯羹，至今仍然是廣東人常用之大眾湯羹。

透過這些飲食習俗，人們看到粵楚兩地的飲食文化關係源遠流長。根據史書記述，公元前九世紀周夷王時，居住南海之濱的粵人和長江中游之楚人已有來，粵人在廣州越秀山上特意築起「楚庭」，以示與楚國之關係，故廣東又曰「南楚」。太史公曰：「楚、越之地，地廣人稀，飯稻羹魚，或火耕而水耨，菓隋蠃蛤，不待賈而足，地勢饒食，無饑饉之患」（《史記·貨殖列傳》）。此言頗有道理。廣東和湖南兩省不但地緣相連，江河眾多，盛產稻米魚蝦，有其相同之物質資源條件，而在人文文化方面又同屬百越之體系，有「斷髮文身」、喜食魚蛤貝類之俗，因此其飲食文化相互影響，相互吸收自是必然。有人認為，粵菜與湘菜是同源而異流之兩大姐妹菜系，從「一號漢墓」出土之食物遺物來推論，此話不假。粵楚兩地古同屬於百越（粵）之域，其文化同屬於百越（粵）文化範疇。至於後來湘食與粵食風味各異，這是一水分流之所致。講求時效和善於兼容並蓄之粵人，則取荊楚飲食之長，

·85·　　　　　　烹菜烹調法　　1　　　　　　　　大三十六年一月號大

粵菜烹調法　吳慧貞

前言

廣州的「吃」是馳譽全國的。業者自幼生長斯地，深受此種傳統風氣的薰陶，對於飲食一道，在科學的觀點講來，縱累有適量的蛋白質、脂肪、碳水化物、礦、鈣、鐵以及各種維生素，是夠身體營養之所需就好了？何必更求其適口充腸，而使口腹之慾得到滿足呢？但這種想法，實主觀，席上必有一色一色俱出自主婦手製的，這不但表示了主人欵待之殷，且足以顯示主婦烹調之精，在科學的烹調法教給女兒，以傳中饋婦姑，他們常在席間品肝稱賞，

而家民和世俗們又好於每週假日召集賓客，設宴家園，研究食譜，

想初我以為飲食之道，不過是使快口腹，不飲是飽身體維生，是夠身體營養之所需就好了？何必更求其適口充腸，而使口腹之慾得到滿足呢？

機會以烹飪之法教給女兒，以傳中饋婦姑，而薑家庭教育的責任。

式滋味的變化。不知更換烹的式樣，而有增殖消化液的分泌，

膳份和胃腸消化液的分泌，而有增殖消化液之功。所以古今中外的庖廚，

小仇力求友調式味的精美，且亦講究席上的佈陳，如象箸飯菜，鮮花佳肴名廚菜館，也

當我明白了食品式味與人體營養的關係，我對於烹飪的事便予以重視了。就

非是講究配搭快的虛榮而引起食慾。

民國報刊所載《粵菜烹調法》文章

融集於粵人食文化之中，獨樹一幟，形成粵楚兼容之
飲食文化風格。

4 中西合璧

　　形成廣東飲食習俗和風格的還有一個外來因素，就
是國外飲食文化的影響。

　　「廣東的文化，歷來不是封閉型的文化。從國內來
說，廣東吸收了楚文化和中原文化，並改造了南越族的
風俗習慣和「刀耕火種」或「水耕火耨」的農業。特別
是廣州成為對外貿易的重要口岸之後，廣州又成為中國
與世界文化交流的主要窗口之一」（《簡明廣東史》）。
歷史事實正是如此。粵地之廣州是中國的南大門，毗鄰
港澳，為中國通向東南亞、太平洋、中近東和非洲等地
的最近出海口，因此廣東對外開放甚早。漢武帝時，廣
東已是對外貿易的重要口岸。晉時，華南地區出海之重
點，由徐聞、合浦一帶移至廣州（番禺）。自唐之後，
置市舶司及海關於廣州（番禺），而廣州（番禺）也
就成了外商海舶湊集之地，「海上絲綢之路」的起點之

一。唐太宗時代，廣州（番禺）已是世界上大型的海港城市之一。當時，到廣州來貿易的有波斯、阿拉伯（大食）、天竺以及南海諸國。元代，廣州在中國七個置市舶提舉司的沿海城市之中，僅居於福建泉州之後，仍然是一個著名的大港口。外國商人前來廣東通商貿易，隨之也傳來了外國人的飲食風俗習慣，從而打破了嶺南傳統飲食風習之一統天下。以「燒酒」為例，據《廣東新語》（卷十四）記載：「按燒酒之法自元始。有暹邏人，以燒酒復燒入異香，至三二年，人飲數酘即醉，謂之阿剌吉酒。元蓋得法於番夷云。」

到了近代，與外來經濟文化接觸日益廣泛頻繁，「重吃」之廣人，從多方面吸收了外來的飲食文化，使飲食變得豐富多樣，「西餐館」隨之興起，「西方風味」亦隨之流行，同時也提高了飲食的藝術水平。「清朝年間，廣州人吃的藝術水平並不高，鹹魚、菜脯、鮮蠔外加炒、燉、蒸幾味乃最為常見，那時經營飲食業者，都以標榜『京味』、『蘇味』為榮，所以『京都焗排骨』、『金陵片皮鴨』、『五柳鯇魚』之類深受粵人推崇。在中國，京、川、蘇、粵、魯、湘、閩、徽八大菜系之中，粵菜是後來居上，它主要能吸取國內各地及西菜烹飪技

里昂中法大學中國飯店

中國茶館在倫敦

美食節人潮如織

術之精要，根據本地百姓的口味、嗜好、習慣加以改良、創造，逐漸形成粵菜的風格優勢」（《廣州的文化風格》）。

　　近幾十年，中西飲食交流、省港澳飲食觀摩比任何時期都活躍，大大促變了廣東飲食之結構，而食風食俗也跟着發生變化，表現出「中餐西食」、筵席食剩之菜餚食品由食客自取回家、飲食生活結構逐漸由「家庭式」向「商業式」轉化、傳統節日之食俗日趨簡化、筵席之改革日趨現代化，以及節日上茶樓熱、節日去旅遊燒烤熱、節日到音樂廳去喝咖啡聽歌熱等等的飲食風俗

廣州美食節

文化新態，有些地方還出現新節，如「廣州美食節」、「深圳荔枝節」之類，給廣東飲食文化中西合璧、傳統型與開放型相結合之風格，增添了光澤和活力。

四 四大食區

廣東是一個由百粵（越）族以及漢民族相互融合而成的多元羣體。他們在歷史的遷徙和融合的過程中，還不同程度地保留着各自的風俗習慣，這就構成廣東民俗的多樣性、豐富性和某些方面的特殊性。就以飲食風習而言，廣東漢民族飲食文化也相當複雜，因此要劃分廣東的飲食風習類區，也只能是大致的劃分。現根據這個「多元羣體」的歷史性、地域性以及其方言屬系，試劃分為四個飲食風習類區，即廣州方言飲食風習類區、福佬方言飲食風習類區、客家方言飲食風習類區、粵北瑤族壯族飲食風習類區。下面分別作簡要的敍述。

1 廣州方言食區

廣州方言之飲食風習類區，簡稱為「廣州方言食區」。本食區是以操用粵語（廣州方言）為主體的飲食

粵菜品牌陶陶居

廈門

廣州酒家

大小漢席　大包扁食

燒臘鹵味　原盅燉品

茶麵酒菜　各色點心

廳房雅座　結婚禮堂

廈門思明南路四五二號　電話七○○號

粵菜品牌廣州酒家

風習居民羣體，它所含屬的範圍很廣，大體上說，以廣州市為中心，包括操用同一方言的廣州郊縣、香港、澳門以及粵中、粵西的大部份地域，旁及粵北的部份城鄉之居民（有些地方兼用兩種方言以上者，其飲食風習具有兼容性和多面性）。為叙述方便，本食區以廣州地區為代表進行介紹。

地扼珠江的廣州，物華天寶，其飲食亦早蜚聲海外，古語說：「生在杭州，死在柳州，穿在蘇州，食在廣州。」由此可見，廣州的飲食文化是自成體系的。「食在廣州」，從廣義上說，它不僅是對廣州市的讚譽，也同時是對以廣州方言為主體的整個廣州食區的讚美。廣州地區的飲食風俗習慣，具體地說有以下一些特色。

（一）食風盛

人們常說「廣州人嘴刁」，這說明廣州人對飲食之挑剔和講究。當地之飲食特別強調「味」，有所謂「食嘢食味道，睇（看）戲睇全套」的說法。又尚精厭粗。如吃蔬菜，只取其心（謂之菜膽或菜薳），其餘不吃。在民間流傳着這樣一種說法：上海人重視穿着，把鈔票都貼在身上；而廣州人「重食」，把收入的七八成都裝

進了肚子裏；上海人有凌晨趕菜市的習慣，而羊城人有凌晨上茶樓的嗜好，謂之「歎茶」，歎者，享受也。無論是暑天臘月，一清早就趕去飲早茶，一邊品茗，一邊細嚼蝦餃、燒賣、芋角、春卷、叉燒包，或者要一碗拉腸粉、豬紅粥之類的大衆化食品。如果有客人光臨，最普通的也得弄上幾味，或炒、或炆、或烤、或蒸，這才算得上是「敬客」，否則會被視為「寒酸」。而且不論菜餚是否豐盛，必不可少的要有一盅上湯，作為宴客的前奏曲。「飯前一碗湯，胃口格外醒（好）」，這已成了家喻戶曉的飲食例規。喝湯，穗人謂之「起羹」。所以人們對湯羹極為講究，平日家常便飯喝的湯價廉惹味（粵語，即美味），諸如豬骨湯、蛋花湯、豬肺菜乾湯、魚頭西洋菜湯等等；宴客用的湯比較高級，價格有的相當昂貴，諸如水魚（鱉魚）湯、銀耳雞湯、燕窩湯、海參湯、「三蛇羹」等等。總之「先湯後飯」，那是絕對不許亂套的。

　　廣州食風之盛，還表現在一是飲食店衆多，二是食品種類繁多。在廣州市內的大街小巷，到處有茶樓飯館，小食店以及夜宵之攤檔更是無法統計（香港叫「小食店」為「大排檔」，穗人近年也流行此種叫法），真

艇仔粥

艇仔粥

可謂「五步一攤，十步一檔」，而且日夜兼營。這些大排檔，有經營燒鹵食品、甜品、燉品的，有銷售粉麵食品、粥品、湯羹和油炸食品的，還有叫賣炒田螺、煲仔飯、牛雜碎、艇仔粥、開煲狗肉、雲吞麵的等等。

　　其食俗也很有趣。且說「開煲狗肉」吧，這是一種大眾化的美食。它雖然不登大雅之堂（廣州人舊俗對狗肉不直呼其名，而以「三六」代稱。「三加六」為「九」。「九」與「狗」粵語同音。可見人們對狗肉既食之也鄙之），而多在街頭巷尾之小食店出售（此種情況近年有所改變，有的頗有名氣飯館也供應「開煲狗肉」），但人們也樂意去「幫趁」（粵語，即光顧）。特別是冬春兩季，羊城天氣寒冷，食客三三兩兩來到街邊的狗肉檔「打邊爐」（粵語，即火鍋）。圍爐飲酒、划拳，堪稱穗城「為食街」之一景。狗肉的肉質雖粗，可是一旦配上薑、蒜、陳皮、南乳、紅糖等佐料，美味四溢，一聞到此種香味，就垂涎三尺。廣州俗語說：「狗肉滾三滾，神仙企唔穩（粵語，意謂脫離凡塵之神仙，聞到了狗肉之香味也忍耐不住）。」由此可見，狗肉此種食物，對廣人具有多麼大的吸引力。再說廣州之菜式和點心，其種類實居全國之冠。「據一九五六年作的一次統計，廣

州市當時各飲食店出售的菜式，就有五千四百五十七種。近幾年來，各大酒樓新創的菜式更層出不窮。一種雞，就能製出幾百款不同菜式。還有什麼『全羊宴』、『全鴨宴』、『全猴宴』、『蛇宴』、『魚宴』……不勝枚舉。各大茶樓酒家，都不乏能烹製一、二千款菜餚的名師巧廚」（《廣東旅遊·食在廣州》）。由於廣州食風盛，吸引了成千上萬的國際食客前來朝拜。美國的「廚師旅行團」，日本著名的亞壽多酒店之名廚，以及緬甸等國家都來取經，「猴子宴」、「牡丹煎蛇脯」、「一掌定山河」等粵菜，使來者為之傾倒，大讚「食在廣州」名不虛傳。

（二）食風美

「廣州人識食」已為世人熟悉的流行語。廣州人「識食」，首先表現在菜式上，選料精細，刀工細膩，調味有方，講究鑊氣。所謂粵菜，實際上以廣州菜為代表。而廣州菜又是集這個食區南（海）、番（禺）、順（德）、東（莞）、香（山）等地之特色，兼收京、蘇、杭等省烹飪之優點以及西菜之所長，融匯而自樹一家，有「五滋」（甜、酸、苦、鹹、辣）「六味」（香、酥、脆、清、

鮮、嫩）之美。廣州常根據喜慶的筵席內容，賦以菜餚各種美名，故又有色、香、味、型、名五者俱佳之妙。有一位外國作家說羊城菜餚之名稱有「猶如詩一樣的藝術魅力」。比如粵菜的「酸甜就手」——廣州人稱辦事順當謂之「就手」，豬的前腳慣稱「豬手」——此味菜實際是豬手加酸梅、料酒、白醋，先炒後燉，在上碟時以黃瓜、紅椒塊襯托，有酸甜風味；「福如東海」一高檔菜，係用官燕窩、火腿、白鴿蛋等製成，主料是燕窩，而燕窩出自海之東的礁石上，美名曰「福如東海」為壽菜餚，寓意貼切；「東成西就」——係用冬菇、西蘭花配製而成，借「冬菇」之諧音「冬」（東）和「西蘭花」之「西」，巧妙地聯成為「東成西就」，典雅有趣；再如，「鳳翅穿龍」，菜名別致，實是用雞翼、冬筍、火腿、菜薳烹調好之後，在碟中排列盤齊，並以燙熟之菜薳圍拌碟邊，其色澤嫩綠，構圖美，食相佳。

　　廣州之飲食業，善於利用食客求吉利的心理，精製各種應景美食。如 1990 年為庚午年，按中國傳統習俗是馬年。於是，羊城有不少酒樓餐館，參照「馬年」之含義，推出了一套有吉祥寓意的《馬年新春家宴菜譜》，諸如「人躍馬歡宴」、「馬年步步高」（三款馬蹄

糕）、「馬蹄跳柱羹」等幾十種茶式和糕點，深得食客的喜愛。

廣州人的飲食不單純為了裹腹，還有更加深邃的內涵，以食這種物質享受，獲得精神上的安慰，所謂「辛苦搵埋自在食」，其意是辛辛苦苦賺得的錢，要舒舒服服地美食。所以，廣州人的飲食審美觀念也就特別強烈，追求一種食物內在美與外表美，食慾與情趣相和諧、相統一的藝術化境界。據說廣州有間酒家創造的「越秀遠眺」之大拼盤，盤子裏有山、有樹、有小橋、有湖水、有綠草、有鎮海樓、有五羊雕像、有老翁垂釣，還騰起如雲似霧的白氣，真可謂一幅絕妙的山水畫，寓藝術於飲食之中的傑作，讓食客除了享受到菜餚之美味外，還能領略到嶺南文化之雅趣。

廣州之中秋月餅揚名四海，料精、味佳、型美，自不必多言，僅就月餅名稱來說，也充滿詩情畫意。

現選錄其中的一部份，以饗讀者：

寶鴨穿蓮月	金銀叉燒月
金鳳臘腸月	東坡騰皓月
雙鳳蓮蓉月	五族共和月

應時食品 —— 月餅

合桃丹鳳月	七星伴月月
越秀團圓月	紅燒乳鴿月
西湖燕窩月	火鴨鴛鴦月
珠海雙鳳月	玫瑰上甜月
銀河秋夜月	鮮奶杏蓉月

（三）食風怪

羊城人飲食風俗之趣怪，用異地人眼光來看，簡直有點不可思議。有道是：「廣州三大怪，耗子、長蟲、螞蝗當佳菜。」此話不假，廣州人「敢食」名不虛傳。廣州人什麼都敢食，會飛的除了飛機，有四條腿的除了板櫈以外，但凡天上飛的、地上爬的、水裏游的、土裏鑽的，幾乎都可以端上筵席。貓、鼠、龜、猴、虱等等，甚至被不識者誤認為「螞蝗」之禾蟲，也進入菜譜，列為珍餚，食客為之讚嘆不絕。「一截一截又一截，生於田隴長於禾。秋風鱸鱠尋常美，暑月鰣魚亦遜色。庖製味甘真上品，調來火候貴中和。五侯佳饌何曾識，讓與農家鼓腹歌」（南海詩人黃廷彪詩《見食禾蟲有感》）。禾蟲，學名疣吻沙蠶，樣子難看，《楚庭稗珠錄》說禾蟲「甘美益人，稻之精華也。然其狀可惡，

似百節蟲、螞蝗、蚯蚓」。每年只有春秋兩季出現十天八天，從淺海裏浮游到沙田裏。舊時廣州城，每當禾蟲時節，「禾蟲」之聲，撩動老饕食指，婦女尤為中意。話說有位婦人，丈夫新喪，循舊喪俗要捧個盆仔到河邊「買水」。路上聞叫賣禾蟲之聲，她便不顧俗規禮法，拿盆仔去買禾蟲，旁人看見怕有違祖訓，力加勸阻，但她大言不慚地答道：「老公死，老公生，禾蟲過造恨唔返！」自此，有好事者把這個故事一傳開，「老公死，老公生，禾蟲過造恨唔返」這句話就成了民間俗諺。故事以極其誇張之手法，讚譽禾蟲美食的魅力。同時，從中也可窺見廣州食風食俗之奇異。

難怪南宋時代，有一位從中原南遷入粵的文人，面對廣州此種食風食俗，不禁為之感慨：「不問鳥獸蟲蛇，無不食之矣！」這正道出了廣州飲食風習的又一特色。

除以上所述之外，廣州食區還有許多特別的食風食俗，下面將選擇幾種再作簡要介紹。

廣人嗜蛇

廣州的飲食風習，恐怕以「蛇餐」最為驚人。這一食俗其實不是廣州獨有，嶺海各地都很普遍，不過以廣州為盛而且烹調得最佳。廣州市內專設有「蛇餐館」（蛇

餐館原名「蛇王滿」，開業於一八八五年，由捕蛇能手吳滿所創），承辦各式各樣蛇宴。此間一百餘年老號之「蛇餐館」，曾接待過國內外的大批食客，馳名於中外。

其實，食蛇自古有之。最早是《山海經‧海內南園》載述：南方人吃巴蛇，可免「心腹之患」，是為了祛除疾病。距今二千多年漢朝的劉安，在他的《淮南子》又說：「越人得蚺蛇以為上餚，中國得之無用。」此後，唐代的段公路所著的《北戶錄》、段成式所著的《酉陽雜俎》都有粵人吃蛇的記述。到了宋代，朱彧在他的《萍洲可談》中說得更為明確：「廣南食蛇，市中鬻蛇羹。」不過那時食蛇的風氣並未普及，只流行於一些鄉鎮。傳說直至清末，廣州番禺有個翰林江孔殷（表字霸公，人稱江蝦），有一次與家人下鄉游玩，中途在佃戶家中休息，無意看見佃戶製作「蛇饌」，香味誘人，略一品嘗，頓覺鮮味可口，稱讚不已，遂向佃戶學得烹任蛇羹的方法。回府後囑咐厨子試製，果然美味。後來經過不斷改進，精益求精。官場中人，凡在江府席上吃過「蛇饌」的人，都認為不可多得。從此相互傳頌，「太史厨」的「三蛇羹」、「五蛇宴」、「龍虎鳳大會」便譽滿五羊城。

　　廣人不但吃蛇，還生吞蛇膽，啜吮生蛇血，說有祛風濕之效。廣人食蛇，認為蛇愈毒其價值就愈大，所以「蛇宴」上所吃之「三蛇」、「五蛇」，多是一些劇毒之惡蛇，諸如金環蛇、銀環蛇、飯鏟頭（眼鏡蛇）之類，而無毒之蛇則視為「下等貨」，價錢比較廉宜。廣州食蛇的花樣繁多，有炒、有燉、有燴、有羹，還有浸酒的，名為「三蛇酒」（整蛇泡浸在酒裏）。近幾十年，經蛇餐館之師傅精心研究，蛇宴已發展到三十多個品種菜式，有百花釀蛇脯、原盅燉三蛇、三蛇燉乳鴿、燴蛇片等等。其中「菊花龍鳳會」、「銀湖鮮蛇脯」、「五彩炒蛇絲」、「紅燒鳳肝蛇片」被列為羊城名菜。但「蛇宴」中最享盛名的要數「龍虎鳳大會」。所謂「龍虎鳳大會」，係用「三蛇」配上老貓、母雞烹製而成，是滋補名食。

　　廣人吃蛇還有個習慣，講究時令。俗語說：「秋風起，三蛇肥」。蛇在冬眠之前要貯足脂肪過冬，因此這個時候蛇肥肉厚。另外，因蛇肉最富滋補，祛水濕，蛋白質含量高，吃後會產生大量熱能，夏天氣候炎熱，吃後會分泌出大量的汗液，而秋冬天氣涼爽，故謂食蛇之最佳季節。

食魚生

　　曾盛行於珠江三角洲一帶水鄉之地。所謂食魚生，並非捉一條活生生的魚來吃，而是很講究吃法的：「粵俗嗜魚生。以鱸、以鯇、以鱠白、以黃魚、以青鱭、以雪鯠、以鮻為上。鮻又以白鮻為上。以初出水潑刺者，去其皮劍，洗其魚鮏、細劊之為片，紅肌白理，輕可吹起，薄如蟬翼。兩兩相比，沃以老醪，和以椒芷。入口冰融，至甘旨矣」（《廣東新語》卷二十二《魚生》）。清道光年間張心泰的《粵游小識》也記載有粵人食魚生的習慣：「廣人喜以生魚享客，小菜數碟，色不同樣，謂之吃魚生。吃餘即以生魚煮粥，謂之魚生粥」。其實，廣東人食魚生由來已久，這恐怕與蜑民（水上居民）有關。據宋代范成大所云：「蜑，海上水居蠻也。以舟楫為家。採海物以為生，且生食之。」（《桂海虞衡志·志蠻》）廣東水網之鄉魚類養殖業發達，他們喜愛食魚，食魚生之風甚盛自然不難理解，因此這一食俗迨至解放初期還很流行。後因魚肉生吃，雖能保持魚肉的鮮美，但極不衛生（生魚裏含有肝吸蟲及其他寄生蟲），政府衛生部門才下令嚴禁。「粵人食魚生」的舊俗才慢慢得到革除，而「魚生粥」（用魚片煮粥）仍是

廣州的當今美食之一。

啜田螺

農曆八月十五日中秋節，在廣州食區除賞月吃月餅之外，還有啜田螺的風習。每逢中秋節前幾天，螺大量上市，廣州城鄉居民爭相購買田螺拿回家放在盤裏，用清水餵養數日，讓螺吐盡肚裏的泥土，燃後將螺的底部敲開一個小洞，用水洗乾淨後放在鍋裏，加上蒜頭、豆豉、油、鹽、糖以及辣椒、紫蘇葉等配料一起爆炒，即可食用。吃時先用手抓住田螺往尾部一啜，再翻轉頭部一吮，螺肉即入口中，這謂之「啜田螺」。明月當空，邊啜、邊食、邊飲，其味無窮。倘若啜技低劣，螺肉吮而不出，相互哄笑，又另有一番樂趣，正是清末《羊城竹枝詞》所描述的：「中秋佳節近如何，餅餌家家饋送多；拜罷嫦娥斟月下，芋香啖遍更香螺。」

其實，啜田螺並非只限廣州食區，廣東大部份地區都有此種食俗，而且也非限中秋節，只不過在廣州食區特別風行，尤其在八月十五那天。由於田螺含有豐富維生素 A、蛋白質、鐵和鈣，可治目疾。據說八月十五吃了田螺，可使眼睛「明如秋月」，故中秋節啜田螺的風俗至今還很時興。

獻魚不獻脊

廣州人宴請，席間如端上有完整形體的菜餚，諸如雞、鴨、鵝之類，其頭部一定要向着主席，以示對主客的尊重。但惟獨端放烹調整魚的菜餚，則不許這樣。必須把魚的腹部朝向主客人，絕不能將魚的背脊對着客人，這就是自古流傳於廣州民間的謂之「獻魚不獻脊」的習慣。為什麼會有這種禮規呢？

據說，春秋末年有位名厨，名叫太和公，他以烹調「炙魚」名揚四海。吳公子光為爭奪王位，便收買勇士專諸去謀殺吳王僚。專諸得知吳王僚愛吃炙魚，他就拜太和公為師，學得烹製炙魚的絕技。公子光請吳王僚到自己家中吃飯。席間，吳王防衛森嚴，外人不得接近。於是只許「御厨」專諸親自把他精製的炙魚獻上給吳王僚。專諸預先在魚腹內暗藏一把匕首，因魚背脊向着吳王僚，故此他沒有發現秘密。正當吳王僚起筷食魚之際，專諸出其不意地拔出匕首，當場把吳王僚刺死，而專諸也同時遭到吳王僚的衛士殺害。

自此，「獻魚不獻脊」也就成了廣州一帶的口頭禪，變成了約定俗成的筵席禮規。此一傳說是真是假，毋須考證。但從食品的美味而言，魚肚（腹）肉嫩油

滑，素為食客所稱道。把魚腹向着客人，當然是對客人表示敬意，還是有道理的。

飲茶禮規

穗、港、澳一帶，飲茶不但普遍，而且有一整套飲茶的俗規。廣州人早上見面的寒喧語不是說「早晨」，而是問「飲咗茶未？」（喝過茶沒有？）可見，廣州把飲茶視作一日之中的第一件大事。當然，廣州人所說的飲茶，並非光喝茶，還要吃小食。但茶是絕對少不了的。不論大小茶樓酒館，大都經營「三茶兩飯」（早、午、夜三市），而且必須先茶後飯，尤其愛喝早茶。一大清早起床，便上茶樓泡上一壺佳茗，慢飲細嚼，有時邊品茶邊聊天，少則個把小時，多則幾個小時，廣州人謂之「嘆茶」（「嘆」係粵語，意謂享受）。

廣州人喝茶的禮規繁多，稍不注意便遭白眼，罵作「土佬」。比如，給別人斟茶，只斟大半杯，若然斟得滿滿，反視為「不敬」，「酒滿敬，茶滿欺」就是這個意思。再如，別人為自己斟茶，不能坐視不理，必須用右手中指和食指彎曲，在桌面上輕輕叩三下，表示謝意。此是約定俗成的禮規，否則視為「無禮」。據民間傳說，這一茶俗源於清代。有一年，乾隆皇帝微服下江

南巡視，與御前侍衛周日清上茶樓喝茶，皇上自己斟了茶之後，又順手給周日清斟茶。周日清見皇上為自己斟茶，卻又不能在大庭廣眾暴露身份而下跪謝恩，急中生智，用雙指屈曲，在桌面上叩點三次，以代替下跪叩頭之禮。自此便逐漸流傳於民間，成了一種公共用的飲茶禮節，處理人際間的關係，代替了「謝謝」。廣州人早起喝茶的習慣，絕非壞習。它可以增進食慾，有益健康，所以民間「清晨一杯茶，餓死賣藥家」、「早晨一壺茶，不用找醫家」的說法是不無道理的。

廣州人到茶居（粵語慣稱茶樓為「茶居」）飲茶，還有一個特別的「慣例」——茶客如果要加斟開水，得先自己揭開茶蓋攔放在茶壺口與茶壺耳之間，服務員看到便會自動跑來加斟開水。此種例規，外地看來感到莫明其妙，其緣由也有一段「古」：

據說清朝年間，有一位寓居於廣州西關的滿洲貴族公子哥兒。由於平日揮霍無度，把祖傳的家業花費精光，但又要擺闊氣，每日必到茶居去「嘆茶」，於是便想出一條鬼計。有一日，這位破落少爺來到茶居飲茶，暗地裏把一隻麻雀仔放進茶壺裏。當堂倌來斟水時，一揭開壺蓋，小麻雀「撲」一聲地飛跑了。這少爺便大要

無賴，硬說飛跑的是一隻價值千金的金絲雀，要挾老
闆賠償。真是「打死狗講價」。老闆懾於權勢，有口難
言，只得賠錢息事。為吸取這一教訓，自此之後，凡是
茶客要加斟開水的，必須自行揭開茶壺蓋，並且把壺蓋
擱置在壺口邊上。此種做法，一直沿襲下來，變成了廣
州茶居約定俗成的例規。

2 福佬方言食區

　　福佬方言之飲食風習類區，簡稱為福佬食區。本食
區為以閩南方言為主體的飲食風習羣體，在廣東省內主
要是潮汕地區，而以潮州市和汕頭市為代表，其中包括
饒平、普寧、揭陽、潮陽、澄海、南澳、惠來、揭西以
及海豐、陸豐等操用同一方言之縣市。據歷史學界和民
族學界考證，居住這個地域範圍之居民，是古閩越（東
越）後裔而融合於漢民族的一支。從潮汕地區歷年出土
之文物及遺址分析，「現在之潮州以及潮汕一些縱深地
帶，四千年前還是大海之濱，祖先們以漁獵及原始的農
牧為主，取食貝類及魚蝦，用骨針連結蔽體的衣片。他

們用打製出來的石器，進行生產力極低的生產勞動，用粗軟的夾沙陶器處理熟食」（《潮汕勝迹述略》，汕頭地區文物管理站編）。但是，潮汕地區自漢元鼎六年（前111年）開始，已有正式建制，置揭陽縣。隋唐以來稱為潮州，從此就成了文明昌盛之區。從飲食角度看，「潮州食譜雖屬粵菜之系，但烹調風味卻自成一格。它的來歷，可以追溯盛唐。據傳韓愈被貶潮州，帶來了中原的文化，也包括了烹飪技巧。因地理上毗鄰福建，又受到福建菜和江浙菜的影響。在悠長的歲月中，外來烹飪藝術的傳播，逐漸同當地人飲食愛好結合起來，形成了特色鮮明的潮州菜」（《廣東旅遊》，一九八五年廣東科技出版社出版）。

　　潮菜是後起之秀，有與粵菜並駕齊驅之勢。喜愛潮州菜之中外人士與日俱增，有「食在潮州」之新譽。潮州飲食，以烹製海鮮見長，尤以湯菜和甜品最具特色。諸如「潮州大魚丸」、「紅燒螺片」、「油爆魷魚」、「炊鴛鴦膏蟹」、「生汆日月蠔」均膾炙人口，而「縐紗甜肉」則是喜慶筵席必備之食品。潮汕食區宴飲上菜次序，喜歡頭、尾用甜品，而芋泥、膏燒白菓、馬蹄泥等是潮汕甜品之佳品。潮州菜多以當地農產品精製而成，別有田

園之風味，如潮州滷鵝、石榴雞、八寶素菜、綠荳爽等等，均是地方之大眾美食。

現就本食區一些獨特之飲食風習，略述如下：

小食風情

潮汕小食店幾乎遍佈城鄉。街頭巷尾到處擺滿小食攤擋，尤以汕頭市和潮州市最為熱鬧。這些小食風味特別，花樣新鮮，有魚丸、魚餃、魚麵、粉條、牛肉丸、韭菜、魚什錦湯、粽球、糯米豬腸，還有滷鵝、滷鵝頭、滷鵝翼等等，有濃厚潮汕風味。各小食店的餐桌上擺放着各式各樣的菜料、佐料，任由顧客酌飲。許多旅居海外的潮汕華僑和港澳同胞，每當他們回鄉省親，也來至街邊的小食店，開懷暢飲，品嚐家鄉風味。最有吸引力的美食是汕頭的蠔烙，以鮮蠔粒加鴨蛋、薯粉為原料，在平底鍋中翻煎而成。邊煎、邊食、邊飲，另有一番情趣。

檳榔大吉

每逢春節，潮汕人家習慣在客廳裏放置一盤檳榔和紅柑，意謂「新年大吉」。如無檳榔便換上橄欖（其外

檳榔

形與檳榔相似），其用意也是如此。每當客人來拜年，
主人捧上檳榔和紅柑敬客，口稱「請檳榔大吉」。客人
隨之笑納，照例吃一點，口稱「多謝！」

　　檳榔是熱帶地區的產物，中國嶺南慣用它來訂親待
客，潮汕也有此種古俗。加之「檳榔」與「賓郎」同音，
再與紅彤彤的柑桔結合在一起，「檳榔大吉」於是便巧
妙地成了「賓臨大吉」的諧音，新年相見，「請檳榔大
吉」當然是一種美好的祝願。

年初一喝薯湯

　　粵東潮陽人喜歡吃薯薯，除夕圍爐宴飲，「甜薑薯」
是必不可少的一道菜，特別是大年初一，親戚朋友前來

拜年，主人一定要送上一碗熱氣騰騰的薑薯湯招待。按照潮陽舊俗，主人款待其他食品可以辭謝或照例吃一點點，唯獨這碗薑薯湯不能不喝，因為這是表示主人對客人的敬重和盛意。據說，過去新娘子過門第二天，也要吃家婆或小姑特意為她製作的一碗薑薯湯。

薑薯湯，在潮陽人心目中，非是一般的食品，它象徵着甜蜜、吉祥和幸福。

吃七樣羹

正月初七為人日，每臨這一天，潮汕舊俗是吃七樣羹（或稱「七羹湯」）。所謂「七樣羹」，就是把大芥菜、厚瓣菜、芹菜、蒜、春菜、韭菜、芥蘭這七樣蔬菜放在一起煮食，其意是：「發大財」、「人長久」。關於這一食俗的由來，據傳是這樣的：從前，潮州有戶窮人，父子相依為命。有一年初七，兒子過南洋去做工。可是兒子一去，杳無音信，窮老漢更難度日。他猜想兒子一定死了，每年正月初七，不管有吃無吃，都擺上二副盅，表示父子對坐。又有一年，正臨正月初七，窮老漢在路上拾到了幾瓣菜葉，便拿回家裏煮熟，照例擺放着兩副碗筷。正在這個時候，忽聞兒子

七樣羹

寄來了「回頭批」（平安信），並匯來一大筆銀子，此後窮老漢變成了大富翁。於是正月初七吃「七樣羹」的食俗，便廣為流傳了。

婚嫁食俗

潮汕地區舊日的婚嫁禮俗繁縟，一訂（訂婚之禮）、二定（擇定迎娶吉日）、三聘（送娶聘之禮）、四娶（迎娶新娘子）。在整個婚嫁過程中最有趣的食俗有：

吃豬心 男女雙方訂婚之後，接着男方就要向女家送聘禮。送聘禮之禮物中，一定要有豬心；而女家回

禮，也少不了豬心，而且要把豬心切片，與新娘子同吃。剩下的送回男家，給新郎哥與家人同吃。意謂「男女同心」。

送孖蕉 女家回送給男方之禮物中，一定要有香蕉，而且必須要有孖蕉（連體蕉），俗稱「鴛鴦蕉」。意謂夫妻相親相愛，永不分離。

吃結房圓 新郎新娘洞房之夜，一定要吃「結房圓」。所謂「結房圓」，係用糯米粉或桂圓肉所做之湯丸子。吃時專門陪伴新娘子的喜娘（又叫青娘）先做「四句」：「夫妻同飲福丸湯，同心同腹同心腸；夫妻食到二百歲，雙雙諧坐到琴堂。」新郎新娘各吃兩個圓子之後，便互換圓盞，再吃兩個，謂之「交杯換盞」。此時，喜娘再做「四句」：「交杯換盞團團圓，夫妻恩愛樂相隨；老君送來麒麟子，明年生得狀元兒。」

吃甜飯 潮汕有些地方，每逢新娘子過門的第二天，一大清早就要起牀下廚，由新娘子親自動手煮一大碗甜米飯，待家翁、家婆以及丈夫的兄弟姐妹起牀之後，逐一請他們各嚐一點。據說新娘子做的這碗飯，糖要從母家帶來，還必須唾一口自己的口液混和到米湯裏一塊煮成甜飯。當然，唾口液入米湯裏是不能讓人看見

的，吃的人也不必多問。據說夫家的人吃了混合新娘子的唾液甜米飯之後，新娘子和全家大小就會融洽相處，生活和睦，互敬互愛，日子過得猶如甜飯一般甜。

坐浴盆吃熟蛋　潮汕地區饒平一帶，新娘子出嫁前要擇日沐浴、更衣。沐浴時，浴盆裏須放石榴葉等十二種植物的花或葉。浴畢，新娘子要坐在浴盆裏吃下兩個熟雞蛋之後才能起來。據說此種食俗是祈求新娘子早生孩子，而且蘊含着產育順利之美意。

嗜好「工夫茶」

潮汕人素有以烏龍茶泡工夫茶的習慣。工夫茶的茶器獨特，沖泡講究。外地人一般喝茶都用茶盅，或大壺沖茶的，而工夫茶用的卻是特製的微型茶壺，它比普通的茶壺要小得多；茶杯是用薄薄的白瓷土精製而成，直徑約只有三厘米，高約二厘米。小巧玲瓏，沖茶時還要把茶具放置在一套瀉水的茶飾之上。

沖泡工夫茶確要講究「工夫」。沖泡的水質要好，並以炭火烹煮的為佳，還要即滾即沖。沖之前將茶壺燙過，然後放進茶葉（份量約佔茶壺容積的八成），隨即沖進滾水，每沖一次，最多是三至四杯。斟茶也很講

究工夫，先將茶杯逐一用滾水燙洗。然後環回斟茶，名曰「關公巡城」。茶水將盡，滴漏而出，又注杯傾點，名曰「韓信點兵」。這種斟茶方法，是為了使每杯茶濃度均勻。每放置一次茶葉，可連冲幾泡，以第二泡為最佳。工夫茶茶味香濃，回甘茶味特佳，這正如清代詩人袁枚在他《隨園食單》中所描述的：「先嗅其香，再試其味，徐徐咀嚼而體貼之，果然清香撲鼻，舌有餘甘。一杯以後，再試一杯，令人釋燥平矜，怡情悅性。」

潮汕嗜飲工夫茶相當普遍，普通人家多有一套泡飲工夫茶的茶具，每每以之招待親朋賓客，也是潮汕人每日必不可少之飲食，故有所謂「日食可無肉，不可飲無工夫茶」的說法。因此，在潮汕地區流傳着許許多多有關嗜飲工夫茶的傳說故事和笑話。據《清朝野史大觀》中記載，相傳潮州有個嗜飲工夫茶之富翁，一日，家門外來了一個乞丐，請見富翁說：聽說貴府茶道甚精工，可否賜飲一杯？富翁詫異道：你也懂得工夫茶？乞丐說：我原也是富人，因嗜工夫茶而破落的。富人見是同道，於是就給他一杯喝。乞丐品畢，說道：茶雖好，可惜未醇厚，乃因新壺之故。我有一老壺，是往日所

用，至今還帶在身邊，餓死也不賣也。富翁聽罷向乞丐要來一看，果然是把好壺。便徵得乞丐同意試沖一壺，香氣清冽，富翁欲想買下。乞丐說：我不能全賣給你，此壺價三千兩銀子，賣一半就是只要你一千五百兩回去安家，存一半在你處，這樣我就可以常來你處「共享此壺」，怎樣？富翁是個茶鬼，覺得交此茶友也不錯，便答應了他，給了他一千五百兩銀子，此後便結為摯交茶友。「這大概也是茶迷之鄉，才能够編撰出的另一種《警世通言》罷」（秦牧《食在潮州：中國茶道》）。不過，這也足以說明潮汕人嗜好工夫茶其癖性之固矣。

3 客家方言食區

客家方言之飲食風習類區，簡稱客家方言食區。本食區是指操用客家方言的飲食風俗羣體，其居民幾乎遍佈全省各地，純客家聚居的有：梅縣、興寧、五華、平遠、蕉嶺、大埔、連平、和平、龍川、紫金、仁化、始興、英德、翁源、陸河等縣市，非純客住縣有：南雄、曲江、樂昌、乳源、連縣、連南、連山、陽山、惠

陽、海豐、陸豐、博羅、增城、龍門、寶安、東莞、花縣、清遠、佛崗、開平、中山、番禺、從化、揭陽、饒平、信宜、河源、豐順等三十多個市。由於客家居民分佈甚廣，為敘述方便，本食區以梅州為中心介紹其飲食風習。

梅州地區之客家居民，來自黃河和長江流域的漢族，是中原漢族的分支。早在秦始皇統一中國之後，派駐嶺南戍邊的 50 萬大軍，其中有一部份留在梅州地區安家落戶。其後是西晉至唐宋元明清之一千多年間，歷代出仕梅州地區之官員，以及戰亂和天災輾轉遷徙入粵來到梅州的北方和中原一帶之漢人，與原住梅州地區之土著居民（越族）在長期交往中融合而成，故客家飲食文化，一方面是中原古老飲食風俗之傳承，同時又有南方少數民族食俗的遺風。以「中元節」而言，廣東各地都過，但客家過得特別隆重。

農曆七月十五日為「中元節」，又稱「盂蘭盆節」，客家人叫過「七月半」。相傳「盂蘭盆節」，是一個從南北朝梁武帝時才開設的佛教節日。「盂蘭盆」是梵文音譯，意思是「救倒懸」。據《盂蘭盆經》說，釋迦牟尼的弟子目連，不忍看到死去的母親在地獄受飢餓、

倒懸之苦，求佛救渡。釋加牟尼要目連在七月十五日備百味之食，供養十方佛僧，藉佛僧的恩光可以使母親得解脫。佛徒根據這個傳說，興起了這個節日，故又謂之「施孤」。流行於客家地區的超渡亡靈的「打蓮池」，就是由目連救母演化而來的。梅州各地，每逢這天人們都不下田幹活，在家聚飲，做「田圓」（用糯米粉和紅糖做成的圓丸）拜祭伯公，有些地方還用三牲酒食祭祀祖先。民國前期，有錢的人家還要請僧尼誦經超渡亡靈，為亡靈「燒錢」、「燒衣」。這是一方面受到佛教的影響，另一方面，又與客家之先民屢因遷移，而在遷徙途中喪生了不少親人未及安葬，故藉此拜祭「孤魂野鬼」此種心態有密切關係，所以，客家人過「中元節」之敬祖、祭祖、聚飲也就顯得異常隆重。據說新加坡華族之客家人過「中元節」，持續長達一個月之久，更可見其祭祖感情之烈了。

客家人有個傳統的飲食習慣，平時一日三餐粗茶淡飯，節衣縮食，即使是較為富裕的人家大體上也是如此。可是逢年過節，則盡可能吃得豐盛，大魚大肉，正所謂「平日莫鬥聚，年節莫孤淒」（客家土話，意謂平日不要聚飲大吃大喝，逢年過節就不要寒寒酸酸）。在

烹調技術方面，客家菜既有「北味」又有「南風」，自成一體。客家的「東江菜譜」，列為粵菜的三大菜譜之一。東江菜下油重，味偏濃，樸實大方，有鮮明的地方特色。廣東客家有許多傳統名菜和鄉土風味之小食，素為國內外食客所稱道。如東江鹽焗雞、浮水大魷丸、梅菜扣肉、紅炆肉、水晶豆沙扣肉、捶丸、釀豆腐、炒子鴨，還有興寧的「藥糕」、「炙糭」、「蓼花」，梅縣的「酵飯」、「煎芋丸」、「白渡牛肉乾」，大埔的「簡粄」、「珍珠粉」、「糍粑」、「憶子粄」、「薄餅」、「鴨鬆羹」，豐順𣻸隍的「雲片糕」，平遠的「黃飯」，蕉嶺的「鍋㓤飯」等等。

　　客家之飲食風俗習慣，除上述之外，還有一些鮮為人知的特別食俗：

年初七吃「七色菜」

　　客家人過年，年初七要吃「七色菜」（亦稱「七樣菜」），即芹菜、蒜子、葱子、芫荽、韭菜，另外兩種魚或肉。這七樣菜是「一鍋熟」，煮好合家共吃。此種食俗，據說是取其兆頭：芹菜的「芹」，客家話與「勤」同音，意謂吃了之後做事勤快；蒜子的「蒜」，與「算」

同音，吃了之後意謂就會「划算」；葱子的「葱」，與「聰」同音，意謂吃了之後「聰明」；芫荽的「芫」，與「緣」同音，意謂吃了之後「有緣有份」；韭菜的「韭」，與「久」同音，意謂吃了之後「幸福長久」；魚與「餘」同音，肉與「祿」同音，把「七樣菜」湊合起來就是：「勤快、會算、聰明、有緣、長久、有餘、有祿」。可見，客家人過年吃「七樣菜」是以諧音作比喻，祈求家庭的幸福。此種食俗其源流古遠，據南北朝時的《荊楚歲時紀》說：「正月初七日……以七種菜為羹。」由此可知，廣東客家人年初七吃「七樣菜」是荊楚風俗之沿襲。

天穿節煎煎餅

元宵節之後第五天，即正月二十為「天穿節」。舊時每逢這天，粵東客家各地農村婦女要做甜飯，用油煎成餅，或把過年留下的「煎堆」蒸好，在上面插上針線，謂之「補天穿」。蘇東坡「一枚煎餅補天穿」之詩句，就是說此習俗。「天穿日」這天，農家人不下地耕作，只在家中幹活。據說這天是女媧補天的日子，如果下地勞作，會觸犯天神。清代學者俞士燮在《癸巳存稿》（卷十一）關於「天穿節」考證說：「天穿」是

二十四節氣中之「雨水」,「補天節」是祈求「雨水,屋無穿漏」的意思。而粵東客家在「天穿日」這天在煎粄上插上針線的做法,就是由此古俗傳承而來的。

逢年過節「釀豆腐」

所謂釀豆腐,就是用魚膠或肉醬,加上葱白、胡椒粉等配料拌成肉餡,將四分正方形的豆腐對角切開,把肉餡塞進切面內,放進油鑊煎成金黃色,加湯燉熟,再添上熟油和其他配料,即可上席。

釀豆腐有肥、鹹、熱、香、滑、嫩的特點,秋冬季節打造(火鍋)更有風味。這夾還有一個孫中山吃「羊鬥虎」的故事呢。一九一八年五月,孫中山到梅縣松口視察,同盟會會員謝逸橋請他吃釀豆腐,孫中山邊吃邊連聲讚妙,於是問及菜名,一位鄉紳用半生不熟的普通話回答:「這是「羊鬥虎」。孫中山聽了,高興地說:「羊鬥虎?有意思!」同席的人,知是語誤(「羊鬥虎」是客話「釀豆腐」的諧音),連忙加以解釋,孫中山聽了哈哈大笑。

其實,客家人愛吃釀豆腐,除了其營養、實惠、可口之外,恐怕還有更深沉的歷史積澱。據說是與北方居

民過年愛吃餃子有關。過年過節，中國黃河以北之居民習慣包餃子，這是世人共知的。但是客家人自中原南下廣東之後，因嶺南以大米為主食，缺少麥麵，要保持此一食俗就很困難。於是他們因地濟宜，就地取材，有人便想出了「釀豆腐」這種食法代替吃餃子。於是此種食俗也就慢慢流傳開去，演變為客家的名食。

「雞頭」「魚尾」

客家無論大小筵席，一般地來說第一道端上席的菜便是雞，如「白切雞」、「酸薑雞」或「鹽焗雞」之類。據傳，雞原名為「吉」，是天宮吉祥之鳥，因犯天規貶落人間被人餵養。人們為了取個好意頭，第一道菜上雞，意謂「開筵大吉」。最後一道菜，一般都是魚，取意為「吉慶有餘」。因此，人們根據客家這種宴飲例規，稱之為「雞頭魚尾」，其意謂「萬事吉當頭，好事常有餘」。

擂茶待客

居住在粵東山區的客家人，流傳着「擂茶」這種食俗。凡姑娘出嫁之前，接受喜糖的鄰居，必定要插一鉢

香擂茶，請姑娘吃。表示祝賀；凡某人家有人病癒，也要煮擂茶請照顧過病人的親朋鄰里吃，以示酬謝；凡夏秋季節，天氣炎熱，人們勞動過後常常不思飲食，都以擂茶為午餐；凡有客人來訪，午餐之前也必定要煮擂茶招待。

擂茶配料獨特，製作卻比較簡單，煮擂茶前先把花生、油麻、香茶、薗香、金不換或苦棘芯放在陶鉢（刻有螺紋的陶器），用擂茶棍擂成粉末，泡上開水，然後在沙鍋裏炒些蘿蔔乾、格藍菜、大蒜、青葱、黃豆、白菜等菜類，或者再配些蝦米、瘦肉絲、魷魚絲等等，最後混和炊熟的白米飯（或煮爆米花）便可食用。吃起來鹹、香、甜、苦、甘、辣、酸各味俱有，可口開胃，另

擂茶

有風味。據說，正月十五元宵佳節，幾乎家家戶戶都煮這種「十五樣菜茶」。對這種「菜茶」，青年婦女、小姑娘尤其感興趣。

4 粵北瑤族壯族食區

　　聚居在廣東省北部山地之瑤族和壯族，他們除使用本民族的語言外，大多數人都通曉客家話或廣州話，兼用多種語言進行社會交際。他們的飲食生活習慣，也與

瑤族綠洲

當地漢族相差不遠。當然，作為不同民族，亦有其各自的特殊風俗習慣。因此，分為瑤族飲食風習文化圈和壯族飲食風習文化圈進行介紹。

（一）瑤族飲食風習文化圈

粵北之瑤族，主要在連南、乳源、連山三個民族自治縣，其餘散居在連縣、曲江、翁源、仁化、樂昌、陽山等縣。瑤族沒有本民族的文字，瑤語屬漢藏語系苗瑤語族瑤語支。粵北之瑤族是一個歷史悠久的民族。他們的先民是秦漢時期「長沙武陵蠻」或「五溪蠻」的一部分。早在隋唐之際，粵北就有瑤族居住，宋以後瑤族入粵日增，由於「長期的遷移，不斷和漢族以及其他各民族接觸，自然同化的現象相當普遍」（《廣東少數民族》）一九八二年廣東人民出版社出版），因此，瑤族之飲食風俗習慣與漢族基本相同。他們日食三餐，以大米為主食，還有玉米、蕃薯、芋頭等雜糧，常以大米拌和玉米或其他雜糧煮飯。雖然他們也餵養豬、牛、羊、雞、鴨等家禽牲畜，但平時以素食為主，逢年過節才劏雞殺鴨宰豬。瑤胞禁忌狗肉，愛吃油豆腐，有所謂「無豆腐，不成席」的說法。

釀豆腐

此外，還有以下的一些飲食風俗習慣：

慣吃大鍋菜

粵北的瑤胞過去不講究烹調技術，除了鹽油之外，幾乎沒有別的調味品，習慣吃「大鍋菜」。所謂「大鍋菜」，也就是逢年過節把豬肉、鷄肉或其他肉類與豆腐、青菜放在一起，合在一鍋共煮。肉是大塊大塊的，煮熟之後便大盤大缽上桌，不注調料。但宴飲時卻十分講究禮節。宴飲之前，如有人缺席，不論尊卑都得準備個空碗，先把餸菜留給缺席的人才開始宴飲。瑤胞說：「食得平，做得行」（意謂有工大家做，有食大家食，這樣做工才起勁）。每當舉筷用菜，必定相互謙讓之後才能起筷（挾餸），否則視為食相不佳。

常食「冷餐」

所謂「吃冷餐」，就是早上煮好的飯菜，裝在飯瓢裏帶到田頭山地裏，中午吃飯時不需加熱而就這樣用餐。因為瑤胞到山裏幹活，距離村寨一般都比較遠，早出晚歸，因陋就簡，就地用餐，故又謂之「吃野餐」。當然，也有吃「燒餐」（熱餐）的，那就是把帶上山去的芋頭、番薯之類的雜糧，到了中午休息時，撿些乾柴生火，把食物放在火炭裏一煨，就可代替午餐。如果偶遇獵物，捕捉到飛禽野獸，他們就地宰殺，立即生火烤食，這便是最富有野味之「燒餐」。據瑤胞說，他們一年三百六十五日，有三分一時間是在山上吃「冷餐」（野餐）的。

嗜好煙酒

瑤胞嗜好煙酒，已成為其飲食風習之一大特色。在瑤族地區，不論紅事白事，或是商議眾事，都離不開煙和酒。有道是「煙酒先行」，已成了沒有條文的禮規禮俗。

瑤族男人有百分之九十以上嗜好抽黃煙。煙葉是自種自用的，他們每人都自製有金竹子的煙斗，隨身配帶，去到哪抽到哪。烟味濃烈，抽得格外提神。他們抽

煙還有一個習俗，如果你到瑤家去，先敬瑤胞一支煙，再拿他的煙斗抽一口他抽過的煙，他就非常高興，說你「够朋友」。

　　瑤人飲酒成了一種癖好，而且用碗不用杯。一大碗酒，一飲而盡，毫不推搪。飲前先灑一點在地上，叫阿公飲酒，表示對先人的崇敬。凡到瑤家作客，如果你為他們送上兩瓶酒，他們對你就刮目相看，顯得格外親熱。在婚宴上，主人唱歌奉酒敬客；客人以歌相答，並接酒飲盡，此謂之「酒歌」。例如：

　　　　宴主唱：
　　　　飲酒漿，
　　　　手拿酒碗敬客嚐，
　　　　淡酒當茶表心意，
　　　　客人飲酒主心歡。
　　　　宴客唱：
　　　　好龍酒（美酒），
　　　　手接酒盅謝主人，
　　　　一盞好酒當千盞，
　　　　隔山聞到酒味香。

宴主唱:

飲酒漿,

酒盅盛酒串杯敬,

今年歌堂飲過了,

來年再把酒斟滿。

宴客唱:

謝龍漿(美酒),

一來多謝主人勤,

二來多謝唱歌妹,

好歌好酒好名揚。

瑤胞好客,如果你到瑤家去碰上他們喝酒,你不陪他們喝上兩碗,他們就不高興,還以為你看不起他們。以酒交情,就是瑤家的酒規。

瑤家美食

但凡喜慶節日,瑤家舉行盛宴,儘管菜餚品種不多,也要擺上逢雙的十二至二十碗,以示隆重,而且釀製的食品是不能缺少的上菜,諸如釀豆腐、釀竹筍、釀辣椒、釀菜包(用豬婆菜葉打包)等。

此外,薰肉和糍粑,也是瑤族的美食之一。薰肉,

是把豬肉或捕獵到的野雞、黃猄、野豬等獵物的肉，切成一塊塊，放在「煙樓」（火爐塘上面的小架）裏用火慢慢薰乾；薰肉可放置一年半載，其皮脆，其肉爽，很有民族風味。糍粑，係用瑤寨特有的香粳或糯米製成的。瑤胞先把大糯煮成乾飯，然後用碓舂爛，再捻成碗口那樣大的糍粑，浸泡在水裏；吃時撈上來烘熱，放上蜂蜜或糖漿，又軟又韌，美味可口，別有風味。

（二）壯族飲食風習文化圈

粵北之壯族，主要聚居連山壯族瑤族自治縣。又據《連山縣志》記載，該縣壯族是在十四世紀末即明代洪武年間，從廣西遷來的。他們遷來之後，和漢族瑤族交錯雜居，關係密切。粵北之壯族，在日常交往中，除使用壯語外，一般都會講廣州話，因此廣州話也是通用語。由於壯族與漢族長期交往，言語相通，其飲食風俗習慣亦與漢族大同小異。他們日食三餐以稻米為主食，常摻食蕃薯、芋頭等雜糧，但也有其特別的飲食風習，茲簡述如下：

愛食酸物

粵北之壯族，幾乎每家都有酸菜缸，壯語叫

「引」。一年四季都浸泡有酸豆角、酸芥菜、酸蘿蔔、酸辣椒、酸蕎頭、酸芋梗等等作為佐膳。此外，還有酸魚、酸豬肉、酸鴨肉、酸鵝肉等等，是把肉切成塊，煮熟晾乾，拌以炒米粉放入罐內密封，不日即變酸肉。壯語叫「挪抓」或「挪候散」。這是一種傳統的肉類貯藏法。吃時通常不再蒸煮，如逢宴客則蒸熱而食。

食生肉生血

粵北壯胞，喜歡用生豬肉和豬血，配以花生、香料灌入豬腸裏，煮熟後切片待客，壯話叫「巫幫」。但有些地方還保留吃生肉、生血此一習俗。其食法是：把豬肉、牛肉或鮮石蛤切成薄片，先用濃酸醋洗去血水，然後再用酸醋泡一個小時左右，撈起來拌之以葱花、花生粉、生紫蘇葉和香菇、木耳（切絲後炒熟）、熟切粉等為配料，即可食用。此種食法，芳香可口，爽而不膩，據說還有清熱、驅暑、解痧的作用。

至於食生血，則另有一番風味。凡遇到殺鵝殺鴨，就把血注入盛有酸醋的碗裏，血與酸醋相混變黑，再用生薑、葱花、生紫蘇、生韭菜一起拌勻，用作吃白切雞、鵝肉的蘸味佐料。此種吃法香滑可口，壯話叫「必劣迷」。

飲酒禮規

壯胞在日常生活中和喜慶宴飲，都少不了「水酒」。所謂「水酒」，是壯胞用粳米或粘米自蒸自釀的一種米酒，味淡而香醇。宴客男女不同席。開飯時先酹酒表示敬祭天地，接着主客人用手指蘸酒在宴桌上畫一個圓圈，互致「吉利」和表示謝意。隨後雙方攬頸串杯，以表示尊重和親熱之情。

壯家白糍

舂糍粑，是粵北壯族過年過節或喜慶之日必不可少的食物。白糍粑是用糯米製造的。先是將糯米浸透，蒸成飯，然後放入石舂裏，由小伙子們揮動木杵搗爛成漿，接着由姑娘們捏拍成圓餅，作為饋贈親友們的糕點。每當舂米做糍粑之時，就是未婚青年男女相識之良機。他們彼此認識建立感情之後，如果女方接受了男方送來的白糍，分贈給親友，即表示了婚姻告成。此種用白糍象徵愛情和美好的食俗，確是獨具民族特色。

嚐新米

「嚐新米」通稱為「嚐新節」，壯語叫「拜久那」，原意是在每年六月六期間割新禾拜田頭神，要蒸二、三斤重的糯米粽子來慶賀。是壯家的大節。

四月八食俗

四月八古稱「龍華節」，俗叫「牛皇誕」。節日這天，除了以野生植物蒸煮黃、黑二色糯米飯，用嫩竹葉之類包裹分別餵黃牛、水牛之外，還舉行宴親會友，甚是熱鬧。有些村寨吃糯米時不用筷子，而是將糯米飯捏成飯團，用手抓來食。家中如有身體孱弱之小孩，則令其手抓色飯，身披蓑衣，頭戴竹笠，跑到牛欄裏吃飯。其寓意是祈望小孩像牛那樣粗食，像牛那樣快長和健壯。

五 古今食俗

1 古代啖人之俗

　　吃人是人類早期一個世界性的普遍現象。縱使在近現代的一些原始部族中，也還存着此種陋俗。據說，非洲土人多行「人腹葬」。所謂「人腹葬」，是把死者之屍體肢解，由其親屬友人分而食之。再如斐濟羣島操用美拉尼西亞語之斐濟人、操用玻里尼亞語之毛利人，都有食人之俗。

　　上古時之嶺南也有過此種陋俗。

　　一曰「宜弟」。據戰國晚期著作《墨子·魯問》載：「楚國之南有啖人之國者，其國之長子生，則解而食之，謂之宜弟。美則以遺其君，君喜則賞其父。」《墨子·節葬》篇又說：「越東有輆沭之國，其長子生，則解而食之，謂之宜弟。」「宜」即護佑、保護之意。又據周致中《異域志》（卷下）載：「烏滸國，按杜氏《通

典》其國在南海之西南，安南之北，朗寧郡所管，人生長子輒解而食之，謂之宜弟。」

二是「食葬」。也即是「人腹葬」。又據《異域志》云：烏滸國，「凡父母老則與人食之，遺其骨而歸之。其鄉人之父母老，亦還彼食之」；「父母死則召親戚撾鈸共食其屍肉」。

三謂「食祭」。即以人肉為祭品，用以招魂。據《楚辭·招魂》說：魂兮歸來，南方不可以止些！雕題黑齒，得人肉以祀，以其骨為醢些。」又《楚辭集注》云：「得人肉以祀神，復以其骨為醬食之。今湖南北有殺人祭鬼者，即其道俗也。」此像習俗，當是古越族之「獵首祭」。「獵首祭」，即獵他族人之首級舉行祭祀，祈求吉祥的一種原始宗教活動。

春秋戰國時期，生活在嶺南之民族主要是越族。墨子所言的「楚之南有啖人之國者」，這啖人之國顯然就是指南方之蠻夷（越族）。這正如《簡明廣東史》所述的：「這種食人之風，還可以從東漢時期分佈於「廣州之南，交州之北」的烏滸人的獵頭食人遺俗得到佐證。烏滸人為嶺南古越族的後裔。」由此觀之，古之嶺南確曾有過啖人之俗。

　　古代嶺南為何會有此種習俗呢？一般地說，史前時期，由於生產力極之低下，自然環境又相當惡劣，人類自身難於維持生計，遂會「自食同類」。另外，還與古代越人之原始宗教觀念篤信鬼魂有關。據《魏書·獠傳》載：「其俗畏鬼神，尤尚淫祀。所殺之人，美鬢髯者，必剝其面皮，籠之於竹，及燥，號之曰「鬼」。鼓舞祀之，以求福利。」《山帶閣注楚辭》中也說：「南方俗多厭鬼魅，多有殺人祭鬼者。」越人信鬼之風一直至宋代仍然相當盛行。「廣南東西路，人病不呼醫藥」，通常以祀鬼代醫，甚至有些地方還留存着「殺人祭鬼」之俗（《宋會要輯稿》「刑法二」一二六）。

　　總之，居住在古代嶺南之羣體乃是古越民族的一支，而古越族文化特徵之一就是咬人和獵首祭，因此古代嶺南有咬人之俗是不足為怪的。

2 何謂「九大簋」？

　　「簋」（讀音為「鬼」），原指古代放置食物之器皿。其形狀或方或圓，有木製的、竹製的、陶製的和銅製的

幾種。原是當時貴族的食器或祭器。後來又漸漸流傳到民間，故廣東民間有「九大簋」之說。

何謂「九大簋」？意謂筵席之豐盛，有九個大簋裝放菜餚食物。古時祭祀，常言「二簋」、「四簋」、「八簋」，唯粵地之穗、港、澳一帶，慣稱盛宴為「九大簋」。在「九」與「簋」之間還加個「大」字，不但言其多，且含有極其豐盛、隆重之意。古人謂「造化之初，九大相爭」。「九大」即風、雲、雷、雨、海、火、日、地、天之謂也，此乃萬物之最。據廣東省三水縣金本鎮一座東漢前期之古基出土物來看，粵人所

九大簋

言之「簋」，是可裝五至六斤米飯之「大碗」。按今人的食量，「九大簋」可供一百幾十人享用。由此可知，「九大簋」是極言其飯菜之豐盛，誇耀其筵席規格之高。如：

喜酌 為迎親正日舉辦之筵席，每席菜餚為九式（碗），號稱「喜酌九大簋」。

暖堂酌 是新婚夫婦合卺交杯之宴，人稱「高頭五樹四如意」，合曰「暖堂九大簋」。

開燈酒 又叫開燈宴，是生子翌年掛燈之喜宴，每席菜餚九碗，亦稱「開燈九大簋」。

壽酌 係慶賀壽誕之宴。「九」與「久」粵語同音，取其「長長久久」之吉兆，每席菜餚要有九品，謂之「壽酌九大簋」。

此種傳統禮俗，廣東一直傳承至今天。比如一九八六年十月十八日，英國女王伊麗莎白二世到訪，廣東省政府在廣州白天鵝賓館舉行盛宴，筵席上「四菜一湯一點心」，連同飯、甜品、水菓共計九個款式，即《月映仙兔》《雙龍戲珠》《乳燕入竹林》《鳳凰八寶鼎》《錦繡石斑魚》《金皮乳豬》《清香荷葉飯》《淋杏萬壽菓》《一帆風順》（用新鮮哈蜜瓜雕成風帆和船體，內盛冰凍

菓粒，取其如意吉祥之意）。此一筵席高雅、名貴、新穎，其菜餚之風味不僅有濃厚的廣東特色，其禮俗也是以傳統之「九大簋」為規範。

3 「焗雀」之謎

俗語說：廣東有「三絕」——燉狗、焗雀、燴三蛇。三絕之中，燉狗（開鍋狗肉）、燴三蛇（龍虎會）前面已略有所述，唯獨「焗雀」一絕，不少人還會感到陌生。

何謂「焗雀」？「焗」，是粵菜烹調的一種方法。即把食物配齊佐料之後毋需放水，而用文火慢慢烘烤。此謂之「焗」。「雀」者，是指禾花雀。這種鳥原名叫「黃胸鵐」，屬於候鳥，每年寒露風起，便成羣結隊自北南來。「霜降」一到也就飛走。因它專啄食抽穗揚花時的稻漿穀，對農家為害甚大，故謂之「禾花雀」。禾花雀貌似麻雀，但它比麻雀略大，肉豐實而骨小，把它剝去羽毛，除去內臟，放在油鍋裏炸至半熟，然後用小火再行焗之熟透，其味殊異，是筵席上之佳餚，被列為廣東

野味之首，這有清末胡鶴的《竹枝詞》為證：

> 野芋山薑雜土薯，田螺坦蜆軟蝦菹；
> 只須一味禾花雀，不數珠江馬鱭魚。

此味膾炙人口之廣東名菜和這種「焗」的食法，源起何時？一直是個謎。

據一九八三年於廣州象崗發掘西漢時期南越王趙眜之墓葬發現，墓室裏有些陶罐裝着許多火柴棍大小的骨骼（約二百多隻）。此是何物？經鳥類專家鑒定，是禾花雀之骨頭。係南越王趙眜喜食珍饈野味遺留下來的禾花雀之殘骨。又從這些禾花雀之遺骨來看，當時人們吃禾花雀是先剝去無肉的小腿和腿爪。據研究，在此二百多隻禾花雀中，各部位的骨骼都有遺存，唯獨沒有小腿骨和腳爪骨。再從陶罐夾雜着的黃土和木炭來看，不難推測當時炮製禾花雀的方法 ——「以土塗生物，炮而食之」。此種炮製法，亦即是烘烤，類似粵人所說的「焗」。「焗雀」之說，大概是由此嬗變而來的。

粵人「焗雀」，和湖南省馬王堆一號漢墓出土竹簡所書的「熬雀」是一脈相承的（關於這個問題已見前述）。由此推斷，楚人和粵人「熬雀」、「焗雀」此種食

風和食法，在兩千多年之前已經相當流行。上至王孫，下至庶民，均同出於一轍。

4 「牙祭」小史

舊日之廣東商場有個習俗叫「牙祭」。何謂「牙祭」？過去商業行中，凡是舊曆大年初一照例「休市」，停止營業一天，到了年初二才開門營業，這謂之「開市」，也叫做「開牙」。開市當天，因是一年之始，相當隆重。開門要燃燒「萬頭」長炮，謂之「開門紅」。還要拜祭財神爺，大擺酒宴慶賀，祈求「開門大吉」、「生意興隆」。筵席上要按「九大簋」設置酒茶，而「生菜」（生財）、「生鯉」（生利）、「髮菜」（發財）、「大蠔」（大豪）之類的好意頭菜餚是絕對不可少的，此種「開牙宴」也就是謂之「牙祭」。

「牙祭」此種習俗由來已久，它源起中國古代之「禡牙」。據《宋史‧禮志》解釋：「禡牙」係「禡，師祭也。軍前大旗曰牙，師出必祭謂之禡牙」。可見「禡牙」乃是古代軍旅中祭拜牙旗之大禮，確是非常虔誠肅穆的。

在商場中，俗語說「同行如敵國」，爾虞我詐，猶如軍旅之中帶有幾分風險。一年之中首日開市，先行模仿軍旅舉行師祭，祈求旗開得勝，生意興旺，財源廣進，這是很符合老闆之期望的。因此，「禡牙」便從「師祭」慢慢演變為「商祭」，成為一種例規。

粵人所說的「開牙」、「做牙」，也即是「禡牙」（牙祭）。然而，此種習俗發展到後來，不但正月初二要做「開頭牙」（做禡），凡是每月初二，甚至十六，也要做「牙祭」（做禡）。店戶平時多為蔬食，隔若干日肉食一次，也叫「牙祭」。此種風俗習慣在清人吳敬梓所作之《儒林外史》第十八回中也有描述：「平常每日就是小菜飯，初二、十六跟着店裏吃牙祭肉。」所以，往日打工仔搵「事頭」（老闆），除了當面言明每月工錢紅利之外，每月「牙祭」幾次也得事先講清楚。當飲完年初二的「頭牙宴」酒之後，如果老闆宣佈「炒魷魚」（解僱），則要另找東家，因此，飲年初二的「頭牙」酒，對於「打工仔」來說，並非完全是美餐，也可謂是「過關」。

「牙祭」這種舊俗，在廣東各地業已消失，但在港澳以及海外一些地方，至今還很流行。

5 敬老與「挾食」

敬老，是中國各民族共同的傳統美德。在粵東梅州一帶客家地區，早就流傳着一種特別的敬老食俗一「挾食」。此種食俗，筆者兒時也曾目睹過。以當時的眼光看，感到寒酸而難堪。按今日的觀點來認識它，絕非如此。

何謂「挾食」？凡喜慶宴飲，席間有些婦女將自己捨不得吃的佳餚美食，夾在自己預先準備好的盛器裏，以便散席後帶回去孝敬老人或長輩。為什麼廣東梅州客籍地區會有這種食俗呢？且看下面的一段故事：

相傳古時候，梅州有個妹子叫小鳳，她嫁到西村，過門不久丈夫和公公相繼不幸去世，家境貧寒，婆媳相依為命。有次村裏大戶朱富伯大壽，要小鳳去幫廚。筵席上，小鳳看見各式各樣的佳餚都捨不得吃，只是喝湯，把肉食等美食盡是夾到空碗裏。散席後，她高高興興地帶回去給婆婆吃。不料走到家門口，一個趔趄，一碗肉全倒在地下。小鳳難過極了，婆婆見狀勸說沒關係，把肉拾起來洗乾淨煮熱再吃就是了。有日，忽地雷電交加，小鳳以為她給婆婆吃了「倒地肉」（客話，即

倒掉在地上的肉），雷公要打她，懲治她的「不孝」。
她想，在家遭雷打會殃及婆婆。於是，她衝向村外的古
樹下，等候雷公劈。婆婆得知，便趕忙追趕上去。只聽
見「轟隆」一聲巨響，大樹倒地，小鳳卻躺在銀堆上。
婆婆叫醒小鳳，驚喜交集，歡喜得說不出話來。自此，
小鳳和婆婆過上好日子，並時時接濟鄰居，而「挾食」
此種風俗便流傳開去。

從歷史眼光看，客家「挾食」這種習俗也是中原食
俗之遺風。據陝西省漢中地區相傳，春秋列國時代，魏
國已流傳這一風俗。魏王為表彰孝子尹考叔大夫，凡參
加宴會的人，都可以效仿尹考叔把美食包回家去孝敬父
母。時至今日，「挾食」之類的這些風俗習慣，或已被
人們淡忘，或以新的形式代替了。但這種習俗之敬老意
識，還是值得弘揚的。

6 「滿漢全席」之怪招

關於廣東舊日的古怪飲食習俗，常常透過一些老字
號的酒樓飯館也能窺見。

由來好食廣州稱，菜式家家別樣矜；

魚翅乾燒銀六十，人人休說貴聯陞。

這是廣東南海人胡子晋作於清朝光緒年間的一首「竹枝詞」。詞中所說的「貴聯陞」，就是一百多年前位於廣州市西門內衛邊街的一間著名老酒家。它是以製作「滿漢全席」而馳名於粵港澳。

說到「滿漢全席」，那是頗費工夫的飲食，可謂中國宴會史上之「最高峯」。「全筵」是清代後期由天津風味飯莊「八大成」之一的義和成飯店創造出來的。全席共一八二道菜，由一三四個熱菜和四十八個冷菜組合而成（一說大小菜式為一口八款）。當時要吃上一席「滿漢全席」，根本不能限定日期，要等材料採購齊全之後，才能通知食主和食客。而且吃全席，也非一餐之吃喝，而是需要全日聚會宴飲，甚至要分為好幾天吃喝，堪稱得上「馬拉松」式之聚宴。然而，更為古怪的是「滿漢全席」有幾種令人毛骨悚然的奇品。

第一是食猴腦。吃食猴腦，並非一件輕鬆之事。首先要有一種特殊製造之桌子。這種桌子中間要開一個洞，洞的大小恰好能穿進一個猴頭。食客到齊之後，由

堂倌牽來一頭活猴，先把猴子的手足縛住，再把它拴緊在桌子底下，只讓猴頭凸露出桌面上；食客只看見猴頭之腦蓋。猴頭上的毛，早已剃個乾淨，吃時由食主手持銀錘，敲破猴頭的腦殼骨，再用銀刀慢慢地撬開猴子的天靈骨，腦漿便全露了出來。這時，宴客就各自提起銀匙取食，直至食完為止。

第二味是食胎鼠。當第二次撤席，客人離席之後，堂倌用漆盤捧着一碟小點心，這些點心係用麵粉製成，其形狀如花卷，旁邊放着一小碗蜜糖。但是，這些點心餡不是蓮蓉，也不是雞鴨火腿這些食物，而是一隻剛出生未滿兩天的小老鼠。這隻胎鼠，既未長毛，也還未開眼，嫩白白、軟綿綿，宛如一小團糯米粉。宴客如要食用，先將「點心」拿起，蘸些蜜糖，然後慢慢咀嚼細唵。如果食客不敢嘗試，就揮手叫堂倌拿走。

此種食法，古代謂之「蜜唧」，宋代已有記載。有關這段食趣，鄺露（明代廣東南海人）在他撰寫的《赤雅》（卷上一□頁）一書中記述得頗為詳細：「取鼠胎未瞬未毳，通身赤蠕者，淹以蜜房，釘之盤上，躐躐而行，夾而嚼之，唧然有聲。朝盤見蜜唧，夜枕聞鼩

鶒」。子瞻嘗云。」

　　第三味奇品是食蜈蚣。這味食品更是不可思議，蜈蚣，即百足也。「滿漢全席」所用之蜈蚣，長短有一定規格，每條以五寸長為合度，否則不用。上席時用一個紅紙封套住密封，每位食客兩條。封套放在一個大瓷碟之上，因蜈蚣會蛟傷人，所以由有特殊技能之堂倌捧進，並詢問食客吃不吃。如果要吃，堂倌即代客動手，取起套封，放在桌面上，用手按下，讓蜈蚣在封內擺正伸直，並揸住其頭部和尾部，以靈敏熟練之手法，扣緊蜈蚣之頭骨，用手一扭，頭即斷開；再用手一扭，扭去蜈蚣之尾節。這時，封套已穿一個小孔，堂倌用手輕輕一拉，蜈蚣肉立即脫殼而出。蜈蚣肉晶瑩如蝦，光滑透明，遂去其頭，放置小碟裏便可奉客。

　　凡嚐過蜈蚣肉的人，都謂蜈蚣之肉鮮美可口。此話可信，有唐人劉恂《嶺表錄異》一書為證。該書會引述《南越志》時說：蜈蚣「取其肉暴為脯，美於牛肉」。可見，食蜈蚣之俗由來古遠，並非「滿漢全席」之首創。

7 粵菜菜名拉雜談

廣人婚宴或嬰兒彌月擺酒，筵席慣用的一味菜式叫「甜酸」。所謂「甜酸」是從菜餚之風味而言，即甜中有酸，酸中帶甜。因粵語「酸」與「孫」同音，其意謂之「子孫滿堂」，作為賀人新婚或嬰兒滿月之吉祥語。事實上，簡稱「甜酸」這味菜，有「甜酸魚」、「甜酸瓜」等等。但是，在喜慶之宴，宴者絕對禁說「瓜」字，因為粵語說「瓜」者，即等於說「人死」（粵語說「人死」謂之「瓜老襯」）。是故，宴客如看見這樣菜式由廚子端上筵席，都說「子孫滿堂」以換取宴主的歡心。倘若不懂得這一禮俗，直呼什麼「甜酸黃瓜」、「甜酸白瓜」，必招旁人責罵。為避免此種不愉快場面出現，凡喜慶之宴多用「白雲豬手」這味甜酸菜式。這味菜係用「豬手」加上糖醋精製而成，實際上就是甜酸豬手。但是為何菜譜上卻寫為「白雲豬手」呢？這就有一段小小的插曲了──

相傳古時候，廣州白雲山上有一寺院。一天，寺院之長老下山化緣去了。寺廟裏有一小和尚，乘此機會偷

偷弄來了一隻豬蹄，企圖破戒嚐一嚐其滋味。於是到寺門外找來一個瓦缽，躲到山溝裏生火燃煮。豬蹄正要煮熟，不料長老化緣歸來。小和尚害怕長老知道，被開除出佛門，於是慌忙把火熄滅，把豬蹄丟到山下去，趕快跑回寺院。後來那隻豬蹄被一位上山砍柴的樵夫拾得，拿回家中去用糖、醋、鹽等調料加工炆煮。製成後果然味道不錯，皮脆肉爽，酸甜醒胃，食之不膩。自後這位樵夫照此炮製，常常招待他的鄉友品嚐，深受食客之稱讚，很快就流傳開去，再經酒樓名師加工改進，遂成廣東的歷史傳統名菜。因這味菜餚源起於白雲山，便美其名為「白雲豬手」。

在名目繁多的粵菜中，菜譜名稱都有一定的來由。粵菜命名方法，通常有以下幾種：

一是借吉祥之語而命名。此種命名方法，大體上以方言鄉音為諧音，根據菜餚之主要原料而命取吉利之名，如蠔豉燴髮菜，謂之「好市發財」；百合蓮子羹，謂之「百年好合羹」；髮菜炆豬手，謂之「發財就手」。

二是以烹調方法命名。其目的在於突出菜餚之主要烹調特色而吸引食客，如「清蒸大鯇」、「紅燒乳鴿」、「鹽焗雞」等等。

三是以烹調之器皿或工具命名。意在顯示其菜餚之特殊風味，如「鐵板燒牛肉」、「開鍋狗肉」、「瓦罉焗水魚」等便是。

四是以菜餚之形象命名。此種命名有鮮明之形象性，突出其造型美，如「孔雀開屏雞」、「龍鳳大拼盤」、「綠茵白兔餃」等就是。

五是以地名命名。此種命名其主旨是借菜餚產地的知名度，來提高菜餚的聲譽，如「大良炒牛奶」、「肇慶沙浦文歲鯉」、「潮州燒雁鵝」、「番禺風鱔」等菜餚中之「大良」、「肇慶」、「潮州」、「番禺」都是著名產地，早享盛名。

六是綜合式命名。此種命名方法，往往將菜餚之主料、配料、烹調方法、風味特點等等黏合在一起，如「豬油糯米雞」、「香滑鱸魚球」、「香菇冬瓜瘦肉盅」等就屬於此類。

總而言之，粵菜命名的方法多種多樣，其名稱也千姿百態，很有誘惑力，給食客以精神的享受。

但是，在粵菜之命名中，有些酒樓飯館為招徠客人，故立奇名、怪名、玄名，以致有些菜名叫食客百思不解，如「鳳閣留香」、「雪點朱唇」、「鸞鳳和鳴」、「賀

粵菜名家 —— 杏花樓

歲喜洋洋」等等。這些名不符實，比喻失當，虛有其名的命名方法不可取，有損粵菜傳統美名之聲譽。

8 「破學」食俗瑣談

兒童初入學堂讀書，俗稱「破學」。清末民初，廣東新制小學雖然日漸興起，但在鄉村基本上還是通行舊學，此時之私塾，在學童初入之前都有一套禮規禮俗。廣東各地雖然不完全一樣，但以食俗而言，就有以下的風俗習慣：

凡是新入學的學童，在開館入學之前，由家中選擇吉日，用米粉製成粉角（類似餃子），因它是用粘米粉所做，故叫「粘米角」。此種粉角是以葱或蒜苗做餡，名曰「素角」。如家庭經濟富裕加上肉餡，則叫「肉粉角」。粉角蒸熟之後，由父母携同學童分派給親戚朋友，並告知孩子入學的時間。凡接收到這份食禮的，都要在學童入學之前回送一份禮物，特別是外公外婆，其「回禮」更要講究點。一般是送給學童所需的

文具，諸如紙、筆、墨、硯之類「文房四寶」。也有送書篋的（舊時不興書包而興書篋。書篋多是用藤片編造，又叫藤篋），或送包書用的大紅布和新衫新鞋之類的用品。

開館那天早上，剛上學堂之學童，身著新衫新鞋，手提書篋 —— 書篋耳提處縛着兩根長蒜苗或芹菜；書篋內除裝有「習字簿」、書本（《三字經》）、墨盒、毛筆等學習用品外，還放有葱苗、蕎頭等等，宛如一個菜籃子。由家人領着來至學堂。放學回家之後，則由家裏把學童帶去上學之葱苗、蕎頭、蒜苗、芹菜連同粉角一起煮食，表示祝賀。說是學童吃了「葱」會變得聰明（「葱」與「聰」粵語諧音）；吃了「蕎頭」腦子會變得開竅（「蕎」與「竅」粵語諧音）；吃了「蒜苗」會變得識算（「蒜」與「算」粵語諧音）；吃了「芹菜」會得勤奮（「芹」與「勤」粵語諧音）。歸納起來，這就是祝願學童：頭腦開竅，聰明會算，勤奮讀書。當然，也有的地方不完全按這例規辦的，但絕對禁忌給初上學之學童食雞蛋或鴨蛋。說是吃了蛋會變成笨蛋，考試成績也會得個「蛋」（「0」分）。

9 話說「投酌」

「投酌」，是廣東民間過去頗為流行的、用以解決糾紛的一種特殊宴飲方式。

「投」是投訴之「投」；「酌」原意為「盛酒行觴」，引義為「宴飲」。「酌」還有「取善而行」的意思，故有「酌取民心以為政」之說，而「投酌」之含義大抵上就是這個意思。舊時粵地民間，常因兄弟或同宗發生爭執，而一時又難於解決，但又不願意訴訟到公堂去裁處，這就由主事者設宴邀請雙方共同認為可以信賴之親友，或當地有一定聲譽之人士參加，利用宴飲之機，由赴宴者作中間調解人，主持公道，提出雙方都可以接受的解決方案。

「投酌」筵席之檔次，雖無定規，但一般常見的為「五大碗」。緣何如此？這可能「五」與「交忤」之「忤」有關，引申為不和睦之意。於是要通過「投酌」來「化仇為友」、「化恨為好」。據說，近年廣東有些地方出現「擺離婚酒」的風氣，依筆者之見，它與「投酌」這一古俗何其相似，也可謂是「舊俗新風」吧！

10 粵西的「年例」與聚飲

粵西茂名、高州、電白、化州一帶，有一種習俗叫「年例」。據說，這種習俗已有二百多年的歷史了，它大概就是《嶺南雜記》所記載那種廟會活動：「高州府春時，民間建太平醮，多設蔗酒於門。巫者擁土神疾趨，以次禱祝，擲珓懸朱符而去，神號康王。」

做「年例」，最初是在春節過後不久舉行，男女老幼穿上靚衫串村訪友，飲酒聚會。因是一年一次，所以俗稱「年例」。後來，做「年例」又與宗族祭祀結合在一起，各村各姓都自建廟宇，供奉諸如「土地公」、「羅大人」、「康王」、「關帝」、「華光」等菩薩神像。由於建造廟堂的時間不一，大多數為農曆正月的，也有二月或十二月的，因此各地做「年例」的時間便有不同。做「年例」，先由各地廟堂選出「年例頭」（領頭人），並由他負責籌錢，放「年例」紅榜，發「年例」符。舉行「年例」當天，由一名道公佬（道士）唱主角，一班人吹着長笛，扛着十多面大牙彩旗和一條竹紮紙糊的龍船，抬着廟堂的神像游村。每到一村，則按族房集中設

立擺供。祭品中要有一隻整雞,雞嘴啄住一張「年例」符。善男信女則輪流向神像跪拜,祈求平安,百業興寧。晚上放鞭炮,掛花燈,然後押鬼上花船,扛到河邊燒毀。最後接送菩薩回廟,就算完事。第二天,便舉行聚宴,凡是親戚客人,聚會在一起,大飲大喝。如在這一年之前生育得男丁者,還要在供神的大廳裏點花燈,和派送用糯花製造的「糖粒」。

這種舊俗會一度衰落,近年又開始復甦。有些地方沿用舊的說法,還是叫「年例」;有些地方卻換個叫法,謂之「聚會」,或叫「飲期」,意思是說親戚朋友趁這個機會相聚在一起,飲酒共樂,密切交往。總而言之,做「年例」這種廟會活動,逐漸從迷信活動,演變為民間的聚飲,其迷信色彩雖然還有一點兒,但比起過去已經明顯淡化。

11 肇慶裹蒸軼聞

廣東端州(今之肇慶)過春節有一種特殊之食俗 —— 食裹蒸。在粵地其他地方並不多見(據說廣西

梧州也流行此種食俗），而裹蒸這種食品，又與五月五端陽節所吃的粽子不大一樣（端陽節吃的粽子古稱「角黍」），它是用糯米、綠豆（去皮）、肥豬肉為主料，並以肇慶之特產 —— 碧綠柔韌，經冬不凋的「柊葉」來包裹的。為何要用柊葉包裹呢？因為這種葉子清香柔軟，且能防腐，「蓋南方地性熱，物易腐敗。惟柊葉藏之可持久，即入土千年不壞；柱礎上以柊葉墊之，能隔濕潤；亦能理象牙使光澤。計粵中葉之為用，柊為多」（《廣東新語》卷二十五）。因此，用柊葉包裹之裹蒸很有地方特色。

端州人為何過春節習慣吃裹蒸呢？相傳與包公有關。

據說，包拯在今之肇慶市 —— 端州任職時，造福於黎民百姓，平反了許多冤獄，深得人心。後來調任（遷殿中丞）。當他離開之時，正當寒天臘月，端州人感到無甚可送行，於是家家戶戶都用柊葉包上糯米，放置大瓦缸裏蒸煮。待包大人上船之際，人人提着裹蒸趕至碼頭，饋贈給他，作為旅途上的食物。誰知包公一向廉潔奉公，不貪百姓一錢一糧，婉言謝收。端州百姓無可奈何，只好站立碼頭上含淚與包拯告別。他們把裹蒸

包公祠

拿回家中也捨不得吃，把裹蒸掛置牆上，說是等到大年初一給包公拜年之後才吃。從此，便沿襲下來嬗變成了端州人春節吃裹蒸的風俗習慣。

誠然，包拯確係在康定元年（一○四○年）任端州知州。儘管他在端州就任時間不長，但他清正嚴明，「歲滿不持一硯歸」（端州之墨硯，曰端硯，嶺南一寶，被列為貢品）。在他治下，端州已做到「地方千里，不識賊盜，吏無叫囂……海隅之民，戶咏……」（元人王揆撰《包孝肅公祠記》）。但是，是否因此而產生端州人過年食裹蒸這一食俗呢？那就不得而知。因為春節吃裹粽，早在宋代以前就有記載。當時這種習俗僅流行於東吳會稽（今之紹興）、嘉興和湖州一帶。三國時期，

有不少東吳人從會稽南遷入粵，是故粵地端州人春節食裹蒸之俗，會不會是吳越春節吃粽子之遺風？這就有待進一步考究了。不過，包拯在端州為百姓做了許多好事，端州人以春節包裹蒸這種形式來懷念他，敬頌他的廉政和建樹的業績，也是完全有可能的。

12 「及第粥」說趣

廣東人，特別是廣州地區之居民，為何慣說豬肉，豬肝、豬粉腸三者一起滾粥為「三及第粥」呢？

「及第」原意指科舉時代考試中選，而粥食又緣何與此有關呢？說來確是有趣。

話說清代末年，廣州有個肉販子上街叫賣，天天經過一間私塾，塾師是他的老主顧。肉販子是個文盲，但為了記帳，請塾師教他認識了「豬肉、豬肝，豬粉腸」幾個字。

有一年科場開考，好事者慫恿肉販子去應試，說功名全靠祖宗積德。肉販子信以為真，便趕去赴試，在卷上只寫了「豬肉、豬肝、豬粉腸」七個字。豈料主考正

是當年的塾師，塾師有意讓肉販子歡喜一場，自己另寫一篇替代，結果肉販子高中。

塾師主考完畢，恐肉販子下次再來混賬，便交代同僚如下科發現卷上有寫「豬肉、豬肝、豬粉腸」的，應把卷取消。豈料第二科開考，肉販子又來應試，寫了七字後便即交卷。主考看後啼笑皆非，但想到前科主考早有交代，莫不是暗示要多多關照，不若做個人情，又代寫了一篇讓肉販子再高中。

京試期近，肉販子想借此遊覽沿途風光，於是又整好行裝，上京赴考。不料到京時，已停止進場，肉販子呆立門外，形如木雞。剛好王爺經過，遺下燈籠一個，肉販子撿起燈籠，順利進入場內。並把燈籠架在座位旁邊，卷上寫了七個字後便交卷。主考見卷，目瞪口呆，但一想到那燈籠是王府之物，事出有故，只得代寫一篇，又讓肉販子高中。

後來，有人問：你三次及第靠什麼？肉販子說：「豬肉、豬肝、豬粉腸。」

此則傳說故事滑稽有趣，它係南海西樵關祥先生整理刊登在《廣東食報》上的。然而還有一種說法，似乎比較實際。說是豬的腸臟在豬肉行和飲食業中，粵人通

稱為「下水」，但在菜譜上不宜將豬內臟直書「下水」此一諢號。為了提高「下水」的地位，美食家便給它一個雅稱，名曰「及第」。因此在飯店葉譜中便出現了「炒及第」、「及第湯」之類的菜名。其後，粥店也把豬內臟烹調的粥品易名為「及第粥」。

至於說到廣東民間過去有年初七吃「及第粥」這種風俗習慣亦由來已久，據《東方朔傳歲時書》云：「天地開初，一日鷄，二日狗，三日豬，四日羊，五日牛，六日馬，七日人，八日穀。」故初七謂之「人日」，係衆人生日。此種傳說由古及今，迷信這一說法的人，年初一不殺牲，不劏鷄拜神，到了年初七則吃「及第粥」或「七樣羹」，是取其吉兆而已。

及第粥

　　「人日」乃長辰吉日，又是一年伊始之際，人們讓
兒女們吃上「及第粥」，期望開科中選，金榜題名，當
是一種美好的祝願。由於民眾懷有這種民俗心態，而
「及第粥」又是廣東的傳統美食，所以年初七「食及第
粥」的食俗，歷久而不衰。

13 「蓼花」與祝枝山

　　興寧小食「蓼花」係用糯米粉、芋頭、芝麻、沙糖
為主料製成的一種糕點，它不但在興（寧）梅（縣）一
帶著名，很久以前就遠銷海外，在新加坡等東南亞各地
也頗有名氣。它是糕點，為何叫「蓼花」？據說與江南
才子祝枝山有關。

　　相傳當年祝枝山出任興寧知縣時，有一天，這位
原籍江蘇蘇州人氏之祝知縣，突然想吃家鄉的「糯米
糍」，他便請來一位當地的點心師傅，口授「糯米糍」
的製作方法，叫那位糕點師如法炮製。可是糕點師覺得
祝知縣所說之點心很一般，沒什麼特色，因此，沒有完
全按他的方法去製作，而是結合客家點心製作的特點，

就地取材，用糯米粉、芋頭、芝麻等為原料，製作出另外一種風味的點心，送去給祝枝山。豈料祝知縣一嘗，這種糕心又香又酥，又脆又甜，形、色、香、味都遠勝他所說的「糯米糍」，不禁連聲稱讚，誇獎糕點師傅的手藝高超，問他這點心叫什麼名堂。糕點師傅只知道當地百姓稱之為「芝麻花」。祝枝山正在食興之際，便親自給它命名為「蓼花」。「蓼」者，按《本草釋名》解釋：「蓼類性皆飛揚，故字從翏，高飛貌。」而祝知縣以「蓼花」賜名於這一糕點，意謂「糕點之花」，「揚名於世」。從此，這種地方小食便馳名四海，流傳近百年而不衰。

手信「蓼花」

14 「憶子粄」的由來

粵東大埔縣之名食「憶子粄」,據傳已有三百餘年之歷史了。「憶子粄」本是一種很普通之民間小食,它是糯米粉作皮,用靚肉片、魷魚絲、香菇、蝦米、蒜白等作餡之大眾食品,但又為何呼之為「憶子粄」呢?

相傳明代年間,大埔縣有一戶農家叫松嬸,她只有獨子名叫「阿根」,母子倆相依為命。待阿根長到十八歲時,體格魁梧,聰明伶俐,從師練就了一身好武藝。後來,他離別了母親,和師傅一同從軍,在鄭成功麾下當上了一名戰士,飄洋過海到台灣,屢立戰功。

松嬸雖然為兒子能為國爭光,為民造福而感到自慰自豪。但畢竟是自己的親骨肉,母子情深,松嬸日思夜念,每逢中秋佳節倍思親,她就做兒子在家時最愛吃的粄,擺放在月下之方桌上,焚香禱告,祝福兒子平安大吉。秋去春來,不經不覺過去了三十年,還不見兒子回來。又一年之中秋節來了,松嬸照例擺放着兒子喜食之糯米粄,在月下祈禱,正當這個時刻,兒子阿根突然回來了。母子久別重逢,悲喜交集,阿根從白髮蒼蒼

的老母親手裏接過了糯米粄，歡慶團圓。從此，人們便叫這種糯米粄為「憶子粄」。

糯米粄這種充滿人間幽思與歡樂之大眾食品，由於它滲透着母子之情、人類之愛，而顯得別有一番風味。特別是寓居海外之邑人，更愛吃它。

15 「食土鯪魚」外史

鯪魚盛產嶺南各地，其肉嫩滑鮮美，價格又很廉宜，因此廣東居民都愛吃，成了家常菜餚。有「清蒸鯪魚」、「釀鯪魚肚」、「炸鯪魚」、「鯪魚粉葛湯」等等經濟實惠的大眾食譜。

鯪魚，粵語俗稱「土鯪魚」。緣何要在前面加上一個「土」字呢？因為鯪魚這種水產其味雖然鮮美，但細骨甚多，食起來稍不小心，不是卡住喉嚨，就是扎傷嘴巴。所以人們既愛食之又惱食之，說什麼「鯪魚好食刺難防」。按廣人的習慣，一般只用做家庭常菜，而不讓它「登大雅之堂」用來宴客。否則，必須經過加工，製成魚膠或搓成魚丸子，去掉其骨刺，才能端上筵席。是

故，粵人便在它正名之前冠上「土」字，以表示它身世
之低賤。

然而，舊時廣州關於「食土鯪魚」之說法，還有一
層耐人尋味的意思。

廣州，一向是一座繁華消費的商業城市，富商雲
集，尤其是舊日之西關一帶，他們多僱用婆媽（女傭
人）。而這些婆媽多是年輕美貌，被僱用的時間長了，
往往被主人愛上而私通。結果「生米煮成熟飯」，只好
收留下來做妾侍。可是，此種所為，對於一個已有妻室
而又是社會名流的人來說，是一件很不體面的事。「家
醜不可外揚」，唯有暗中承認，這就猶如食「土鯪魚」、
其味雖美而不能登大雅之堂郡樣，因此有好事者隱喻之
為「食土鯪魚」了。

這種「食土鯪魚」之陋習，舊時在廣州城頗為流
行，後來還發展到有專門做介紹「食土鯪魚」或類似買
賣「土鯪魚」的生意，這就成了變相的買賣婦女了。
此種陋習，直至五十年代初期才廢止。但從菜餚角度而
言，「土鯪魚」始終是粵菜之美食。近年廣州有些酒樓
或海鮮館，經過精心研究，推出了「鯪魚宴」、「鯪魚全
餐」。同是一味鯪魚，烹飪出十多種風味殊異之菜式，

有釀、有蒸、有炒、有燜、有煎、有炸、有羹……各
具特色，價錢又便宜，深受廣大食客歡迎，從而改變了
「土鯪魚」不登大雅之堂的舊觀念、舊食俗。

16 「吃燒豬」揭秘

　　廣東珠江三角洲一帶，喜慶筵飲或祀祭誕辰，喜食
燒豬。在廣州市區或鄉間小鎮，食品市場上亦常擺有整
隻烤燒得黃澄澄的脆皮烤豬，人們美其名曰「金豬」。
大的叫「大金豬」，小的叫「燒乳豬」。「脆皮乳豬」是
廣東傳統名菜，其特點是皮鬆化，肉嫩滑，入口清香酥
脆，堪稱南粵美食之一絕。

　　然而，廣州地區舊時所謂「吃燒豬」的食俗並不
止此，它另有一種特殊的含義。粵語所言的「有無燒豬
食」，實際上是檢定新婚女性是否處女的隱語。

　　按照廣州舊日風俗習慣，男婚女嫁，男家對過門
之女子是否處女看得極為重要。但凡結婚之日，娘家就
為女兒準備一條潔白的帕子，作為新婚之夜使用。洞房
第二天，便將那條帕子掛出廳堂給眾親友觀看，如果白

帕子沾染有處女紅，不但男家覺得光彩，便是親朋戚友
也感到高興，紛紛表示慶賀。等到第三天，新娘子「回
門」時，男家便抬着「大金豬」送至岳丈家「報喜」。
女家自然更加歡喜，請來親友大吃其燒豬，此種習俗謂
之「吃燒豬」。假若新婚之夜那條白帕子沒有沾染上處
女紅，這就不但男家不愉快，女家也就得不到燒豬吃，
甚至還會惹出一場「還璧歸趙」的風波。俞溥臣在《荷
廊筆記》一書中寫道：「廣州婚禮，於成禮後三日返父
母家，必以燒豬隨行。其豬數之多寡，視夫家之豐瘠。
若無之，則婦為不貞矣。余有嶺南雜咏，內一絕云：閭
巷誰教臂印紅，洞房花影總朦朧；何人為定青盧禮，三
日燒豬代守宮。」就是指這種習俗。「守宮」是守宮砂，
係中國古代用作試驗女子貞操之藥物。據說只要拿它塗
飾在女子身子，終年不會消失，但一旦和男子交合，它
就立刻消失。因它有此特徵，所以在中國古代就有人用
它來試貞。而舊時廣東婚俗，常以婚後三日回門有否
「燒豬食」作為女性貞操之驗證，故有「三日燒豬代守
宮」之說。

　　廣人此種「食燒豬」之舊俗，實際上是舊禮俗在
婚嫁上對女子極不平等的一種表現。更不必說這種粗鄙

的、以有無「處女紅」來判定女方是否處女本來就是愚昧之舉。時代前進了，廣人之婚姻觀念也隨之更新，男女雙方對封建的「貞節」觀也早有了新的認識。「吃燒豬」這種舊婚俗業已被人們所遺忘，但燒豬這美食，卻至今流傳下來，受到粵人和境外美食家的歡迎，並以一嚐之為快。

附錄 《美味求真》

〔清〕紅杏主人

《美味求真》是一本創作於清光緒年間，在廣州及周邊地區流傳至今的粵菜菜譜，在廣東菜看發展史上具有舉足輕重的地位。在今天，它已經成為一部珍貴的飲食文獻，為越來越多的人所關注。現將「芹香閣版」序抄錄如下：

　　蓋飲食必先求於本真。夫山珍海錯，各有性質。不同在製法，須當分其味之濃淡，而別之小菜配合得宜也。古者伊尹割烹，易牙調和，亦不能出此範圍之外。且世人知食者多，知味者少。而精此道者，尤為鮮矣。僕遍歷諸酒肆中，每以粉色應酬，徒為悅目之資，實無適口之饌。僕本未識天廚之味，然一飲一啄必究。夫物之質性細加考訂，故著是書，曰《美味求真》，取其不尚繁華，務求真實之意。卷內所詳明，欵欵俱歷諸口，即質於同好者辨之，必謂曰：「夫烹飪之道，不外乎得法者焉。」

　　俾執爨者，亦可以依樣葫蘆，不至有無下箸處也。述此數語，以緣志起歟！是為序。

　　　　時光緒十三年季夏紅杏主人識於仰蘇慕李軒

例言

凡燉法有三要：一燻、二湯水恰可、三要不失原味，此三者一不可缺也。

凡炒法有七忌：一忌味不和，二忌汁多（或）少，三忌火色不勻、或老或嫩，四忌小菜不配合，五忌刀法不佳，六忌停洽，七忌用油多（或）少。此七者一不可犯也。

凡蒸海鮮，必要用布抹乾水氣，然後下配料，以緊熟為度，其味乃鮮滑，此汁係其津飯之汁，非生水氣之汁也。

凡用小菜，必因物之爽，燻而配之，生於四時不同，可相物而用，不能執滯也。

凡菜式中有名牽頭者，乃豉油、豆粉、白糖、料酒等件之謂也。此牽頭有時不能不用，亦切不可多用，相物而下便合，使其齊相合味耳。

凡用火，有文武之別。物有剛柔之分，因物而施：如剛者用火多些，柔者用火少些，如炒賣。俱宜用武火乃可。

凡食必以美器，此為美食中之明論也。

以上例言，可使人規矩。如欲巧者，當細加調試，方為入妙。

栗子雞

用肥雞斬件，用鹽花朱油[1]搉匀[2]，下油鍋炸至金黃色取起，用紹酒一杯，水一碗，約浸至雞面滾至七八分，後下栗子香信[3]，滾至𤆵，起碗時加些白油，味香而滑。

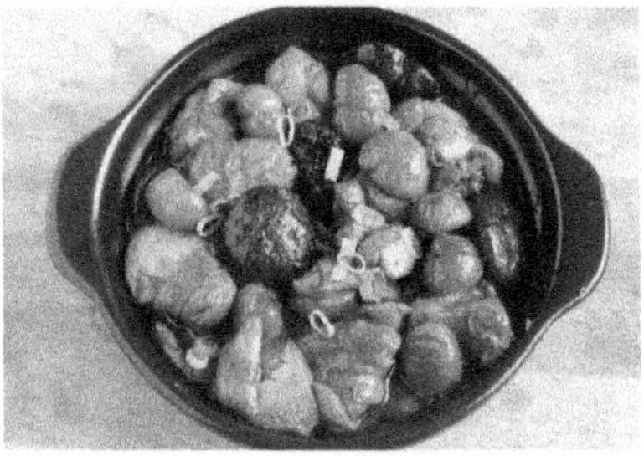

栗子雞

八塊雞

肥雞行[4]斬八塊，用鹽花豆粉少許搉匀，下油鍋炸透，

1　朱油：製造蔗糖的衍生物，焦糖色的一種，現多稱珠油。

2　搉匀：用手適當加力，將食材與調料充分融合。

3　香信：粵人對冬菇的分級標準，香信指已開盡不捲邊肉薄的冬菇，為下品，多作配菜；捲邊肉厚為中品，作日常食用；捲邊肉厚頂上有裂花紋者叫花菇，為上品，多作酒席宴客用。以粵北菇為最好，簡稱北菇。

4　雞行：粵語雞行為雞項之同音。粵人習慣稱未生蛋的小母雞為雞項。

清冷水泡去油，用紹酒半斤，白油[1]一小杯，用瓦鉢載住，隔水燉至極焓為度，可食，美滑。

熨雞

用肥雞行劏[2]淨，在背開取腸臟，用燒酒搽勻裏便[3]後，用朱油搽勻周身，正菜[4]一小子[5]，香信幾片，紅棗幾個，一齊加酒一茶杯，滾至緊[6]熟便可取起，切不可用金菜[7]，恐奪其鮮味故也。

草菇炒雞片

肥雞起骨，片[8]至薄片，用熟油、豆粉、白汕揸勻，用草菇、冬笋先在鍋滾熟後，加葱頭、雞肉鋪在小菜上一

1 白油：即生抽，相對于濃深色的朱油的叫法。

2 劏：即宰殺。劏淨，兼宰殺和宰清內臟的意思。

3 裏便：裏面。

4 正菜：即鹹頭菜，見周松芳《民國味道》200頁。

5 小子：小撮。

6 緊：僅。

7 金菜：金針菜，即黃花菜。見許衡《粵菜存真》—金菜：又名金針。

8 片：粵語指切肉片的刀法，把刀刃橫向切。

冚[1]，俟[2]其有八分熟揭起蓋即炒勻，如味淡加些白油、熟油[3]和勻，上碟即食，味爽而滑。

苦瓜炒雞

弄法如草菇炒雞便合，但用苦瓜以西園種[4]為妙，切薄片，先將（用）鹽搞勻去苦水，先滾熟後下雞片，用些冬筍、香信，兼之亦可，起鍋時加些豆豉水（不要渣）和芡頭，拌勻上碟，味鮮野可嘉。

糟雞

用雞去骨，蒸至緊熟[5]，取起，候冷切薄片，用糯米糟[6]一時辰[7]久後，加些姜汁、白油、麻油、少許熟油拌勻，上

1　冚：蓋上蓋子。

2　俟：等待。

3　熟油：高溫煮過的花生油，一般為炸過食物的花生油。

4　西園種：福建省漳平市西園村的苦瓜品種，特點是脆無渣、味苦甘，身上疙瘩明顯，即雷公鑿，為苦瓜的上品。見周松芳《嶺南味道》：身短而肥，又名雷公鑿。

5　緊熟：僅熟。

6　糟：腌製。

7　一時辰：相當于現在的 2 個小時。古人根據十二生肖中的動物出沒時間來命名各個時辰，十二個生肖代表十二個時辰。

碟加些香頭[1]。

雞茸

用雞胸肉起皮，琢[2]極細如醬，用些豆粉、豬油拌勻，用上湯和攪稍稀，先下湯在鍋收慢火，不使其湯滾起，然後下雞茸即兜[3]至勻，然後下菜或魚翅等件，拌勻即上碗，或加在菜面亦可。大凡雞茸以九分熟為度，若滾至十分則老而不滑，此物全靠火色恰可為佳。

雞鴨會[4]

用肥雞鴨各一隻，原只連骨用鹽擦裏便外便[5]，用瓦鉢載住加紹酒半斤，無紹酒則用料酒一大杯，隔水燉至極爛為度，味香滑而厚。

會雞絲

將雞斬開四件，用油煎過下水燉至爛，取起拆絲，用

1　香頭：料頭。

2　琢：即剁。

3　兜：用鍋鏟翻動。

4　會：與燴意思相同。

5　裏便外便：粵語即裏面外面。

冬笋、香信、葱白、肉絲同會，加芡頭兜勻上碟，再加些少麻油亦可，味和美。

蒸雞

肥雞斬件，用熟油白油鹽花[1]豆粉擸勻，用正菜、紅棗、香信和勻在碟上，用碗蓋住在飯面上蒸之，飯熟其雞便熟，味鮮滑。

走油鵪鶉

斬件用豆粉、鹽花些少擸勻，下油鍋炸至黃色取起，用冬笋、香信、苔菜[2]、肉片同會，起鍋時加些牽頭[3]兜勻[4]上碟，加火腿數片亦妙，味酥香。

炒鵪鶉

劏淨起骨切薄片，用些白油、豆粉擸勻，先將小菜[5]

1　鹽花：細鹽。
2　苔菜：即苔乾菜，細長像萵苣，人工培植的蔬菜乾，去老皮去軟心，用莖切成三棱細條。產于江蘇睢寧、邳縣等地。見中國輕工業出版社《烹飪原料調料》。
3　牽頭：芡汁加料頭。
4　兜勻：炒均勻。
5　小菜：配菜。

（苔菜、香信、冬笋、胸肉[1]片）炒熟後下鶉肉一蓋，俟其
將熟即揭起，加些牵頭兜匀，加熟油拌匀上碟，味滑美。

鶉鶉嵩[2]

劏淨琢幼，加些胸肉同琢，小菜用五香豆腐、冬笋、
苔菜、香信切幼[3]粒，先炒熟小菜，後下鶉肉滾[4]至緊熟，
加芡頭兜匀，上碟加熟油麻油，味香滑。

五香白鴿

劏淨成隻，用鹽花少許擦匀，八角二粒、五香豆腐
三五件，臨食取起，紹酒一茶杯、香信幾隻，用砵載住，
隔水燉至極燶，味香。

又法：燉燶後下鹵水盆，一浸取起，上碗亦佳。

炒白鴿

起骨切薄片，弄法照炒雞片便合，小菜用香信、冬
笋、苔菜、葱白、胸肉片。

1　胸肉：家畜的裏脊肉，多指豬的裏脊肉。

2　嵩：同鬆。

3　幼：細小。

4　滾：水開翻泡的樣子。同樣開水叫滾水，滾熟指煮開至食物已熟。

又將骨斬件，用豆粉、鹽少許揸（勻），又用油炸酥後下水，些少一滾，在碟底亦可。

炒白鴿

蒸乳鴿

肥鴿劏淨，原隻用紹酒二兩，白油一小杯，砵載隔水蒸熩便合，底用栗子同蒸亦可，小菜用些香信、正菜、紅棗為妙。

炒鶌鴿

起骨，照炒白鴿便妙，小菜亦然。

全白鴿

起骨放在砵下，紹酒一杯，鹽花先搓勻，熟蓮子、香信、火腿齊下，隔水燉至極熩，味濃香滑。

全鷸鴣

弄法照全白鴿便合,此物能化痰,有益味香。

葵花鴨

肥鴨起骨,滾至緊熟,切厚片,一片火腿一片鴨,用砵載住紹酒一大杯,原湯一大杯,隔水燉至極爛可食。

煎軟鴨

(凡用火腿須要出好水乃可)。肥鴨起大骨及腿翼骨,用油煎過,用蒜頭三粒、好原豉[1]舂爛至幼,朱油、料酒和勻並水浸至鴨面為度,下香芋同滾至爛,留原汁作味,即切即食。

鴨三味

肥鴨起骨,照炒鴨片便合,扶翅[2]作羹或良辦[3],骨斬件炸酥,抆[4]酸或琢極幼,作假鵪鶉嵩亦妙。

---

1 原豉:未經抽油的原油豆豉。
2 扶翅:粵語指家禽內臟。
3 良辦:涼拌。
4 抆:即爛。

全鴨

肥鴨起骨，弄法照全白鴿便合，小菜用蓮子或洋薏米[1]、栗子亦可，味香濃。

神仙鴨

肥鴨劏淨，用鹽二錢擦勻裏外，砵載以汾酒一杯，連杯放在開肚處，不可被酒倒瀉在鴨身，不過取其氣味耳。隔水燉至極烚為度，取起酒杯上碗。此法全不用小菜為佳。

冬菜鴨

肥鴨連骨，用冬菜八錢，輕洗去沙，不可久浸，放在鴨內，紹酒一大杯，瓦砵載隔水燉至極烚上碗更妙。

清燉鴨

肥鴨起骨，用水一大碗滾至熟取起，停冷切厚塊，用好生笋或冬笋切塊，一件鴨一件笋兼好排于砵上，紹酒一杯、原湯一小碗，隔水燉至極烚，上碗時加白油一小杯便可，味清香。

新陳鴨

肥鴨同好臘鴨各半，先將生鴨用油煎過，紹酒一大杯

1　洋薏米：南方薏米，有藥效但藥味不濃。

和水煲至爛，斬件連湯上碗，加冬笋同煲更妙，味厚。

鴨羹

肥鴨起骨切粒，用些白油、豆粉搓勻，用冬笋、香信、葱白、苔菜等俱切粒，同蓮子先滾爛，後下鴨肉滾至熟，加些芡頭兜勻上碗，加些火腿粒更妙。

會鴨絲

弄法照會雞絲便合，小菜因時而用可也。

清燉鴨掌

鴨掌生拆去骨，油炒過，紹酒二兩和上湯滾至爛，無上湯則用清水，小菜用生笋、香信、火腿同燉。

炒鴨掌

拆去骨，下猛油鍋炒之，小菜用冬笋、香信、苔菜同炒，或用瓜英 [1]、蒜心同炒，上碟時加牽頭拌勻，再加些麻油亦可。

1　瓜英：廣東糖漬醬菜，其中包括青瓜、木瓜、胡蘿蔔。見科學普及出版社廣州分社阮國基、程林的《醬腌菜的加工及食用》63頁。

窩燒棉羊[1]

精肥各半，切大長條，八角數粒、蒜頭數粒、鹽一撮，和水煲至煁，取起擦些好朱油上面，用油炸至皮脆，取起切塊上碗，以荷葉捲兼之更妙。

紅燉棉羊

精肥各半切件，先用水滚過，朱油擦匀，瓦砵載，紹酒四兩、上湯一碗，隔水燉至極煁上碗，小菜用些香信、紅棗、栗子。

清燉棉羊

精肥各半，用水滚過，切件下油鍋炒過，生薑一兩、紹酒一大杯，和水燉至極煁，加蒜頭三粒，紅棗數個同燉，連湯上碗，加些白油便妥。

炒棉羊

用羊胸肉切絲，生薑絲少許，同白油、豆粉揸匀，小菜用冬笋、香信、苔菜，先炒熟後下棉羊肉，滚至緊熟，加些牽頭拌匀上碟，加些少麻油便可。

1 棉羊：綿羊。

燉棉羊頭

用水滾過，刮淨拆骨，取肉切件，用薑汁酒炒過，紹酒四兩和水同燉至極爛，加紅棗、正菜同燉便合。如欲有益，加北芪五錢、防党[1]五錢同燉。

吊上湯

將雞鴨豬肉湯取齊，在鍋滾起至濃，用無鹽生雞鴨血攪稀，淋于湯上滾之，俟其濃濁之氣全被血斂埋，用布隔過再下鍋滾，一便[2]滾一便撞些清水，候見湯滾至清，再用布隔過，瓦盆載住，放在鍋蒸滾後用。

如家常用者，則用豬肉併左口魚煎湯亦可。

熬素湯

用大豆芽菜十餘斤，下清水熬至芽菜味出在湯內，取起菜滾至濃，用布格[3]外（過），盆載炭火坐住候白[4]。

1　防党：防城党參的簡稱，防城即古代甘肅武都，防党指今天的甘南藏族自治州一帶的党參，經酒灑蒸製後，肉色變黑，皮色黃，有橫紋，品質優良。

2　一便：一邊。

3　格：隔，濾過的意思。指用布將水與渣隔開。

4　坐住候白：座放在炭火中，煮至湯色發白。

一品窩

肥雞鴨各一隻，白鴿一隻，用鹽搽勻內外，元蹄[1]一個，鮑魚三兩，出水洗淨切厚件，油酒炒過，刺參、生翅泡至透水，齊下鍋，一品窩內加紹酒半斤，加上湯一小碗，隔水燉至極爛為度。一品窩材料甚多，隨人便用，但物如難爛先下，如易爛則後些下，更妥。

燕窩羹

用潔白窩絲或窩兜泡透執清[2]，用湯或水滾至爛，如玉色便可，底用白鴿蛋，加些火腿絲在面。

如食甜則用清水滾至爛，加冰糖食之，此物至清結（潔），不宜下重濁之物配之，又宜以滾至爛為佳，如若滾不熟，則食令人瀉，慎之。

燉魚翅

洗生翅法：先將原翅下鍋，加些柴灰和水滾數次取起，刮去沙，如未淨再滾再刮，俟清楚後換水滾過，取起去肉，淨翅又滾一次，下山水冷浸之，勤換水浸至透，必

---

1 元蹄：豬蹄。
2 執清：收拾、清理。

燉魚翅

使其去清灰味。然後下湯煨三次,煨至極燶上碗,底用蚄 [1]
肉,加些火腿在裏,味清爽。

燉群翅

　　用原隻小翅出水照前法,心機 [2] 更多,使其成隻上碗,
勿使散亂,此灰味唯免去些,多滾一兩次為佳。

芙蓉魚翅

　　魚翅出清水去灰味,用湯燉至極燶取起,去湯格乾,
冬筍、香信、火腿切絲先炒熟,用雞旦(蛋)數隻和魚翅、
鹽花、小菜拌勻,下油在鍋煎如餅樣上碟便可。

1　蚄:蟹。
2　心機:心思加工夫。

清燉魚肚

先將原隻魚肚[1]出水去灰味，再滾至刮得去外便一層，留裏便一層爽的，切件用上湯燉至腍，加火腿配之上碗，此物要心機，如火多則生膠，如小則硬，全靠火色為佳，味爽而腍有益。

會魚肚

將魚肚斬件，用油炸至透，先用武火後用文火炸之，滾油時，俟其油多起青烟，然後下魚肚，見其內外俱透即兜起，放冷水上泡，搪去清油、氣泡數次仍[2]可，後用上湯滾至腍，使其湯味入內，上碗時加些白油味爽。

會海參

先出水開肚去淨沙坭，用牙刷刷去外便沙坭[3]灰氣，再滾一次再洗，用清水泡透後，用湯滾至腍上碗，底用鹵肉丸亦可。

1　魚肚：指魚鰾。廣東人指魚鰾為魚肚，而真正的魚肚謂魚腩。
2　仍：疑原書筆誤，應為乃。
3　沙坭：同沙泥。

海參羹

照前法洗淨，湯滾煀，切粒，小菜用冬笋、香菇、猪肉切粒同會，上碗時加些羍頭便可。

黃魚頭

出清灰味，取明淨的用冷水泡透，先用水滾至將煀，後用上湯煨，使其湯味入內乃可。上碗加火腿，此物全靠火色，火多則瀉[1]，火少則硬。

海秋筋[2]

用火炙過出水二三次，切大粒，清水泡透，用湯燉至極煀上碗，加火腿粒更妙，味清爽滑。

鮑魚

先用水滾過，去清沙及灰味，再滾一次，切厚片用薑汁酒炒過，和水煲至極煀，或用猪肚同煲亦可。

炙魷魚

先將魚用濕布抹去灰氣後，用熟油搽勻，以鐵線串住

1　瀉：軟爛。

2　海秋筋：鰍魚筋。產于烟台、越南、日本等海域，為傳統海產乾貨，現已很少用。見許衡《粵菜傳真》。

炙魷魚

放在炭火上炙之，見其周身起泡，便可取起，手拆絲，加麻油、熟油、浙醋、白糖少許，拌勻上碟，底用酸蕎頭切絲更佳。味香甘。

炒魷魚

用好釣片[1]浸透，以近骨便起花切塊，用薑汁酒拌勻下猛油鍋炒之，見起捲即下芡頭，炒勻即上碟。小菜隨時而用，先滾熟同炒便是。

燉大蝦

浸透，每隻開兩件，用薑汁酒炒過，肥豬肉、肇菜[2]同燉至燶，或冬笋更妙。

1　釣片：即吊片，魷魚吊起來曬的樣子，所以幹魷魚常稱吊片。
2　肇菜：廣東人稱大白菜為肇菜、紹菜、黃芽白。

扣蠔豉 [1]

取新者先滾一過，或用水浸透洗淨沙坭，薑汁酒炒過，用網膏 [2] 每隻包住，走過油更妙，好原豉、蒜頭三粒，共搗幼，拌勻放砵上，加紹酒三兩，隔水燉至極爛為度。

炙蠔豉

洗淨沙布抹乾，用熟油擦勻周身，用鐵線穿住，放于炭火上炙之，俟炙透切片，用浙醋、麻油、白糖少許，拌勻上碟，味淡加白油同拌。

蠔豉崧 [3]

洗淨沙切粒下，薑汁酒炒過，小菜用苔菜、冬笋、香信、肉粒、五香豆付，俱切粒同炒，上碟時加芡頭兜勻，或加臘鴨尾同炒亦可。

冬菇

取嫩白花頂 [4] 者，去蒂浸濕即洗淨，用些薑汁酒炒過，

1　蠔豉：廣東人稱膏牡蠣為耗豉。
2　網膏：豬網油。
3　崧：同鬆。
4　嫩白花頂：即花菇。

用些羔汁 [1] 二兩和水燉至爛上碗，底用白果或百合，如素菜
用熟油二兩同燉，底或用肇菜燉爛更好。

磨 [2] 菇

以口外 [3] 嫩白者為上，用些柴灰和水滾一過，用清水
泡之，以牙刷每隻刷去沙坭，泡淨灰味，用些薑汁、酒炒
過，用膏汁二兩和水同燉至爛，或用上湯燉亦可。

草菇

取時先去頭之沙坭，後用水浸濕即洗，留原水作湯入
鍋，滾二三次便可，水豆腐作底亦可，或冬笋。

榆耳

浸透洗淨，用水滾數次，方可去枯臊（疑為「燥」）
之氣，用上湯燉至爛便可，如素菜則川豆菜湯或三菇 [4] 水同
燉亦可。

....

1　羔汁：同膏汁豬油或雞油。

2　磨：即蘑。

3　口外：指張家口以外，過去張家口是集散地，普遍認為這裏的
　　蘑菇質量最好。

4　三菇：即冬菇、磨菇、草菇。

雪耳

取潔白者浸透洗淨，同上湯燉至煁上碗，加火腿片更妙，如素菜用三菇水同滾，便合。

石耳

用爐底灰[1]和水滾過，刮去青苔泥沙之積[2]，泡透，用上湯燉至煁加雞皮、火腿片上碗，或蚧肉更妥，此物滋陰清熱。

羊肚菜[3]

浸透去丁[4]，洗清沙，出水二次，用上湯燉之，候煁加火腿片、冬笋片上碗，如素菜用豆菜湯同燉。

葛仙米[5]

以青綠為佳，水浸透泡淨沙泥，用上湯燉煁，加火腿粒上碗，或甜食用水煲煁，加冰花同滾，清爽消滯，多食

1 爐底灰：指柴草灰，含鹼，有較強的去污穢能力。

2 積：穢。

3 羊肚菜：羊肚菌。

4 丁：即蒂。

5 葛仙米：俗稱天仙米、天仙菜、田木耳，多生于湖北、廣西，為水生藻類植物藍綠藻，單細胞，無根無葉，墨綠色珠狀，是一種天然食品。

能延壽。

髮菜

浸透洗淨,擇去草根,水泡透上湯滾之,上碗加火腿、冬筍絲便合,如素菜用三菇水或豆菜湯同滾,加冬筍絲拌勻上碗,味爽能消食。

芙蓉肉

胸肉切絲,自(白)油、豆粉、乾醬少許擸勻,下鍋炒至熟,即下雞旦(蛋)兜勻上碟,底用油炸粉絲,食時用箸拌勻便可。

什錦肉

胸肉切絲,乾醬[1]、豆粉、白油擸勻,小菜用五香豆付(腐)、雲耳、茶瓜[2]、香信、韭菜、冬筍絲炒碟,上碟加煎雞旦(蛋)絲、油炸粉絲拌食。

1　乾醬:即黃乾醬,用大豆、麵粉,采用固態低鹽固態發酵方式製成。見中國輕工出版社方繼功編《醬類製品的生產技術》。

2　茶瓜:用醋、糖腌製白瓜,味道甜而帶酸,可用于佐餐膳,煮湯和做菜。

子薑肉

肥肉一豚[1]，八角數粒，鹽一撮，下水煲八分燶，取起候冷透，去皮切二寸大塊後，用椒末、朱油擸勻，再用乾麵少許和雞蛋湛[2]勻，下油鍋炸至黃色皮脆，取起上碗，兼荷葉捲或小包更妙。

米砂肉

腩肉要五花處切厚塊，用朱油、乾醬、椒末少許擸勻，先將炒米研爛，將豬肉捲之，用蓮葉乘[3]住，隔水燉至極燶取食，味甘香，外省人最喜食之。

酥扣肉

肉成豚[4]，鹽一小撮，八角、小茴少許，和水煲至七分燶取起，俟冷透切方砧大，用蛋（澄）面[5]小許擸勻，下油

1　一豚：一塊臀肉。見清童岳薛《調鼎集》190 頁。

2　湛：蘸。

3　乘：即盛。

4　成豚：整塊臀肉。

5　蛋（澄）面：普通麵粉用水沖洗，分為兩種物質：一為麵筋，二為透明的澄面，粵人多用澄面作水晶餃、蝦餃、晶餅、粉果等透明點心。

鍋炸至紅色即取起，放在凍水上泡去油氣，砵載住加紹酒三兩，隔水燉燆至極上碗，兼荷葉捲及小包更妙。

薄肉片

用脊頭肥肉先用水滾熟取起，放在冷水浸凍取起，用月（刀）片大塊，以薄為妙，後用芥末[1]、浙醋、蒜茸拌食，底用炒青豆角，便合，夏天菜也。

紅扣肉

肥肉一豚，水滾熟取起，搽朱油在上，下油鍋炸至皮紅色，取起放在冷水泡過，切厚件排于砵上，加紹酒三兩，隔水燉至極燆為度，味甘厚。

白水全蹄

用肥豬上蹄[2]一個，用砵乘之，加紹酒四兩，八角三粒，先用鹽擦勻肉，隔水燉至極燆為度。

栗子扣肉

精肥各半，切方砧，用朱油攉勻，下油炸至紅色取

---

1 芥末：這裏指的是用芥菜籽研磨成的芥末粉，非現在指的日本芥末。

2 上蹄：豬前肘。

起，加紹酒四兩，和水燉至爛，加栗子同燉上碗，加白油，味甘厚。

蒸豬頭

豬笑面[1]一個，以皮薄為佳，出過水即放在冷水泡過刮淨，用好原豉、朱油、料酒、乾醬和水浸至肉面為度，後下香芋，同蒸至爛，收汁作味，即切即食。如凍則生膠不佳，味香爽而爛。

滑肉羹

胸肉切薄片，白油、豆粉揸勻，小菜用草菇或青絲瓜，滾至僅熟便可上碗，則自然鮮滑。

熨豬手

刮淨斬件，用朱油揸勻，烏醋[2]料、生薑酒和水煲之後，用豆豉、面豉、蒜頭搗幼，齊下同煲至爛，味香野。或用燒豬腳同煲更妙。

1　豬笑面：臘豬臉。

2　烏醋：黑米醋，將米炒至炭化，趁熱把白醋倒下去就成為烏醋，即黑醋。後來發展成用焦糖色加香辛料和紅糖煮製，轉化為現在的各式廣式甜醋。

燒肝腸

猪潤[1]切碎鹽腌，去血水，薑汁酒擂勻，猪肉切碎，朱油拌勻加蒜茸[2]、香料少許，共和勻入于猪粉腸內，草紮住用針刺過，下猛油鍋炸至紅色，俟熟取起，切片上碟。猪腸先去膏衣乃可。

窩燒腸

用猪大腸刮淨先下，和水煲熝，取起後用椒鹽、蒜茸、香料少許入腸內擂勻，草紮住頭尾，下猛油鍋炸至紅色取起，切件即食，味香甘熝。

炒排骨

生排骨切五六分大，用朱油、豆粉擂勻，下油鍋炸酥取起，用蒜茸、浙醋、白糖、白油、料酒、豆粉和水滾勻上碟，食味酥香。

炒銀肚絲

猪肚取近蒂處，洗淨切絲下鍋炒至緊熟，即將先炒熟

1　猪潤：粵人嫌肝字不好聽，特別是生意人，所以把猪肝説作「猪潤」。

2　茸：蓉

之小菜加荵頭，兜勻即上碟，味爽。

炒猪肚

洗淨切花切片，用蝦眼水[1]泡過取起格乾，再用蚧汁攄勻，炒之則無不爽，如配法照前便合。

凉辦[2]肚

用近蒂處滾熟切薄片，後用芥末、浙醋、蒜茸、麻油、白糖拌勻上碟，味爽，此夏天菜也。

葛扣肉

肥瘦肉各半，切厚塊，用鹽花攄勻，下油鍋炸透，用粉葛、紹酒二兩和水燉至爌為度，味甘而厚。

金銀腿

火腿腳出水清灰味，刮毛去淨骨，生猪腳亦去骨，用紹酒四兩，和水煲至極爌上碗，此法湯與肉味俱佳。

---

1 蝦眼水：水將開未開，泛起小泡的樣子。

2 凉辦：即凉拌。

冬瓜腿

火腿出清水切片，冬瓜切雙飛[1]片，一片冬瓜兼火腿一塊，砌于砵上，用紹酒二兩格（隔）水燉至熇上碗，此夏天菜也。

肇菜腿

用好乾水肇菜，弄法照冬瓜腿便合，此冬天菜也，味較勝些。

鴛鴦雞

先將雞滾熟取起灘凍[2]，起骨切片，又將出淨水之火腿切去肥的不用，隨以薑汁酒蒸過取起，灘凍切片如牌樣，以一片雞兼一片火腿上碟，少者十六件、多則十八九件乃為合式，食時用芥末、浙醋佐之。

水晶雞

將雞起骨切片，用雞旦（蛋）白和苓粉攪勻拌雞片，用滾水一湛（浸）即取起，用冬菇、紅棗、紹酒和水蒸熟上碗。

---

1 雙飛片：切瓜時一刀不切斷，另一刀切斷，火腿夾在沒切斷的冬瓜縫中。

2 灘凍：攤放至涼。

棋子雞

用鴨肉、火腿、天津葱頭、正菜、香信琢爛，以紹酒、姜汁、白油、汾酒少許拌勻，用猪腸去膏衣，將鴨肉入內燒熟或蒸熟，亦可食時切成棋子樣上碟，加芡頭食之。

全鵝

起骨，用鹽花擦勻周身，放在砵中，以紹酒一大杯，加熟蓮、栗子、火腿齊下，隔水燉至極煁食之。

拆燒鵝

將燒鵝起骨拆絲，小菜用香信、葱白、冬笋，同會上碟，加香頭、菊花拌食，味香甘可嘉。

炒鵝片

起骨切薄片，弄法照炒鴨掌便合，或炒酸甜亦可。

炒鵝掌

弄法照下炒鴨掌便合，清燉亦可。

雞茸[1] 魚翅

生翅，先將原翅下鍋，加些柴灰和水滾數次，取起刮

1　雞茸：即雞蓉，把雞肉去皮剁爛為蓉。

去沙，如未淨，再滾再刮，候清楚後再換水滾過取起，去肉淨翅又滾一次，下清水冷浸之，宜勤換水浸至透，必使其去清灰味，然後下湯燉至極熃，上碗如用雞茸，自上碗時將雞茸拌之底，用蚧肉更妙，加些火腿，清爽。如家中常用者，則去淨水後，下豬肉煲至熃可也。

炒鴨掌

生拆去骨，下猛油鍋炒之，小菜用冬笋、香信、苔菜同炒，或用瓜英、蒜心同炒，上碟時加牽頭拌勻，再加些麻油亦可。

炒響螺

打開淨[1]要頭，刮去潺[2]，近掩[3]處硬的切去，洗淨，切薄片下油鍋，炒至緊熟便可，小菜用冬笋、香信、肥肉、白菜同炒，上碟時加芡頭兜勻，免白糖，後加麻油，味爽甜。

燉水魚

將原隻用滾水泡去衣，劏開去臟去膏洗清血，用薑

1　淨：只。

2　潺：黏液。

3　掩：螺蓋。

汁酒下猛鍋炒過，加紹酒四兩，或用料酒一大杯亦可，和水燉熰，小菜用燒腩[1]、冬筍、栗子、香信同燉便合，味甜而滑。

燉山瑞[2]

弄法照水魚燉法便合，但要火多些，味香滑有益。

燉耳蟮[3]

取大蟮泡熱水去潺；切寸斷，用油鹽水、果皮[4]、正菜燉至熰，小菜用冬瓜走過油[5]、燒腩、香信同燉，加蒜子少許同燉，食時加熟油、麻油拌勻，味香甘而滑。

燉退骨蟮

大蟮泡熱水去潺，切寸斷，先滾熟退去骨，用琢豬肉釀在蟮內，每節用豬網膏包住，以乾豆粉拌勻下油鍋炸至

1　燒腩：又稱火腩，原特指大、中豬近腹部的燒肉，泛指帶皮的大、中豬燒肉。
2　山瑞：山瑞鱉，一種生活于山地的河流和池塘中的大型鱉，體重可達 20 公斤。
3　耳蟮：黃蟮由于宰殺後改刀的不同，煮熟後像耳朵的形狀。
4　果皮：陳皮。
5　走過油：用熱油泡過。

透，放在砵中，加紹酒二兩、水一小碗燉至爐，小菜用栗子二兩或走油冬瓜同燉亦可，味甘香。

炒馬鞍鱔 [1]

用大黃鱔起去骨，布抹去潺，切寸斷，用些蝦眼水拖過再下油鍋炒至緊熟，小菜用瓜英、酸薑、蕎頭，切片同炒便合，上碟時加些蒜茸和芡頭兜勻便合，味爽而滑。小菜或用酸黃瓜生炒之，上碟時加芡頭亦可。

會鱔羹

大黃鱔滾熟，拆去骨起粗絲，用熟油、黃酒拌勻，小菜用香信、茶瓜、韭菜花、肥肉絲、五香豆付（腐）、粉絲，先炒熟後和原湯會之，上碟時加些芡頭拌勻便合。或連原湯會好上碗作羹，加些麻油香甜而滑。

燉鮕魚

用豬網膏將原件包住，油鹽水下鍋燉至爐，水以浸至魚面為度，加生薑數片燉至將爐，加乾醬、白油和勻便可，底用瓜英拌食。

1　馬鞍鱔：黃鱔由于宰殺後改刀的不同，煮熟後像馬鞍的形狀。

炒鮰魚

起骨切片，用熟油拌勻，小菜用冬笋、香信、葱白、苔菜，先炒熟後用油鍋炒魚，即加芡頭兜勻上碟，加熟油麻油便妥，味鮮爽。

燉鱘龍

弄法照燉鮰魚便合，骨滑、肉崧、香鮮。

炒鱘龍

弄法照炒鮰魚便合，此二物宜燉，尤勝于炒。

鱸魚羹

將魚用油鹽水滾熟，取起拆碎去骨，用黃酒、熟油拌勻，小菜用肉絲、香信、粉絲、葱白、苔菜絲，先滾熟後下魚肉，加些芡頭兜勻上碗，加些熟油、麻油拌食，有菊花同拌更佳。

炒鱸魚片

弄法照炒鮰魚便合，小菜亦然，味鮮爽。

芙蓉蟹

將蚧蒸熟拆肉，小菜用豬肉絲、香信、葱白，先炒熟

後和雞蛋攪勻煎作餅大，上碟加芡頭滾勻鋪上面便可，味甜鮮。凡蚧忌麻油，切不可下之。

蟹翅丸

先將魚翅滾焓，蚧拆肉，用鯪魚起骨皮琢極幼，加豆粉、鹽水攪至起膠後，下魚翅、蚧肉、香信、肥肉和勻作丸，篩[1]載住蒸熟，取起候冷，加芡頭在鍋，滾勻上碗，味爽甜。

酥蟹

用肉蟹仔斬件，豆粉拌勻，下油鍋炸酥脆取起，用酸梅、白糖、豆粉、蒜茸和些水下鍋，拌勻上碟，味酥香。

糟蟹

用黃膏蚧仔去掩，剝開洗淨，用鹽水少許腌之後，用好糯糟糟之，以糟至蚧面為度，用罌[2]載之熟油封口，至十日間可食，先一二日轉一遍，使其上下味勻，欲食時取出放在飯面上一局（焗[3]）便可，又不可久局（焗），恐老則

1　篩：扁圓竹篾編織的盛器，下有小孔篩眼供篩選物品。
2　罌：大腹小口的陶製容器。
3　焗：稍蒸一會，放在飯的上面蓋上蓋，用蒸氣燜一會兒。

不鮮滑矣。

翡翠蟹

將蟹蒸熟拆肉,用西園苦瓜去淨囊[1],切馬耳片,用鹽
擂過去苦水,同些香信下油鍋,先炒熟小菜,後下蟹肉並
茨頭,兜勻即上碟,味清爽甜,夏天菜也。

蟹羹

將蟹蒸熟拆肉,小菜用冬笋、香信、豬肉俱切粒,欖
仁去皮同,先滾熟後下蚧肉,加茨頭兜勻,連湯上碗,味
極鮮甜。

蟹燒茄

先將熟蟹拆肉,用嫩紫茄去皮切長絲或切小馬耳,下
油鍋炸熟取起,後用蒜茸、浙醋、白糖拌勻後,下蟹肉和
牽頭,滾勻鋪上茄面便合,味鮮野可取。

炒明蝦

先去殼,每隻切兩片,用熟油拌勻,小菜用冬笋、香
信、葱白、旱芹、肥肉,先炒熟,後下油鍋炒蝦,即下牽

---

1 囊:即瓤。

頭兜勻上碟，味鮮甜爽滑。蝦頭用雞蛋湛勻煎香，另碟載
或沖酒食亦妙。

糟明蝦

　　成隻用鹽腌過，用糟糟腌之，瓦罌載住熟油封口，
五六日可食，味鮮美。

炒蝦仁

　　生蝦去殼成隻炒，弄法照炒明蝦便合，小菜因時而用
可也。

芙蓉蝦

　　成隻生蝦去殼，弄法照芙蓉蟹便合。

瓜皮蝦

　　（即凉辦蝦米也）用鮮紅蝦米浸透炒過，用黃瓜去囊
切薄片，用鹽擂過，以白醋腌酸，去醋汁，加白醋多些拌
勻後下海蜇、麻油、熟油拌勻上碟，味甚爽脆。

蝦子豆腐

　　白豆腐去底面，切幼粒，用紹酒少許和上湯滾之，後
加蝦子一小杯同牽頭，滾勻上碗，加些火腿粒在面，味鮮

滑甘美。蝦子往天津店有賣，但要新鮮者為佳。

八寶豆腐

豆腐去皮切碎，和湯滾之，又用雞肉火腿切幼，同脆花生、芝麻、瓜子肉炒香搗幼，加芡頭少許滾勻上碗，味香滑。

芙蓉豆腐

豆腐去皮切十六塊，用冷水泡三次去豆氣，入湯滾之，加蝦米、紫菜同滾後加雞蛋拌勻，牽頭兜勻上碗，味甚美。

蚊蟲[1] 豆腐

白豆腐去皮切幼，加火腿粒，上湯滾之加牽頭上碗，或加鮮蝦米切幼同滾亦佳，味香滑。

苦瓜押蛤

將蛤切件，薑汁酒炒過，用西園苦瓜切牌樣，用水滾熟，即放冷水泡過取起，擔乾水同蛤下鍋，和原豉（豆豉）

1　蚊蟲：小蚊子，形容切得很細。

舂爛格（隔）渣，蒜頭二粒同滾至焾，加些牽頭、熟油，兜勻上碟，加些麻油更佳，味香而野。

酥蛤 [1]

去皮切件，用鹽花豆粉搵勻，下油鍋炸酥取起後，用小菜馬蹄、旱芹、香信、冬筍切片同炒，加些牽頭滾勻上碟，味酥香。

炒蛤片

大蛤起骨切片，熟油搵過，小菜用冬筍、香信、苔菜、肥肉，切片先炒熟，後下蛤片炒至緊熟，加牽頭兜勻上碟，味香甜。

栗子扣蛤

大蛤起皮切件，薑汁酒炒過，栗子、燒腩、香信同燉至焾，加白油、熟油拌勻上碗，味甘香。

豆豉魚

用鯇魚腩要切大塊，用些蛋面拌勻下油鍋炸酥後，用豆豉水（不要渣）同滾焾，加些茨頭兜勻上碟，味甘香。

---

1 蛤：即蛙，這裏指虎紋蛙，即田雞。

魚付 [1]

鯪魚起皮骨琢極幼，和雞蛋一隻、鹽水同攪至起膠，作小彈子大，下油鍋炸透至黃色，取起即下冷水泡去油氣後，用水滾湯加草菇同滾，其水就用浸草菇之水作湯便妥，味香爽滑，或用小菜同會亦妙，其名會魚付。

炒魚扣 [2]

用大魚 [3] 或大鯇魚之扣，去外便一層，只用內層爽的，用滾水泡至緊熟，去清腥氣，切片用熟油拌勻，小菜用香信、五香豆干、馬蹄、旱芹，先炒熟後用油炒魚扣，和牽頭兜勻上碟，加些麻油更佳，味爽似蛤扣。

魚雲 [4] 羹

用大頭魚頭雲，先滾熟去湯拆骨，用熟油、白油、黃酒拌勻，用草菇放湯，後下魚雲一滾即上碗，味滑。

....

1　付：即腐。

2　魚扣：廣東人一般指魚胃為魚扣，此處指魚鰾。

3　大魚：鱅魚，又叫大頭魚。

4　魚雲：魚頭內近腮部一塊白色像雲一樣的肉，以大頭魚的最佳。

炒魚片

鯇魚片切成牌，勿亂放佈碟上，先炒熟小菜，後下油在鍋，將牽頭滾勻拈起鍋，然後下魚片兜勻，同小菜拌勻上碟，此法爽而不爛。

拌魚片

用鯇魚起肉去皮切薄片碟載，用熟油拌勻，臨食時用黃酒煀（暖）至將滾，淋于魚片上，六七分熟便合，即格（隔）乾酒，小菜用脆花生肉、炒芝麻、茶瓜絲、薑絲、煎雞蛋切絲、油炸粉絲、芫茜、菊花、椒末、白油、熟油拌勻食之，甘香甜爽滑。

神仙魚

鯇魚一條約十餘兩[1]，去鱗臟，近魚頸處刻一刀，勿使其斷開，用布抹乾下鍋滾至緊熟後滾，牽頭淋之，如食酸或食甜隨人調味，此法鮮滑。或用蓮葉乘住，飯乾水後蒸在飯面上，勿使揭蓋便熟，其味鮮美。

假鮙魚

用鯇魚斬碌[2]，用豬網膏包住，照燉鮙魚法便合。

---

1 十餘兩：老秤十六兩為一斤，所以有十餘兩一說。
2 斬碌：砍成一段段。

全鯉魚

原條去鱗臟，用生薑數片同油鹽水燉至煤，取起放在碟，將原汁和酸梅、白糖、豆粉滾勻淋在魚面，底用酸蘿蔔、沙糖拌勻在底，或瓜英更佳。

酥鯽魚

先去鱗臟，用鹽擂勻，下油鍋炸酥後用豆粉、浙醋、蒜茸和些水滾數滾上碟，又用原豉豆、豉水同埋[1]滾更佳。

拆花魚

用火燒猛鍋[2]即下魚在鍋攢（灒[3]）去鱗，洗過再用水滾熟，取起拆骨，用黃酒、熟油拌勻，先將小菜（苔菜、香信、肉絲、粉絲）炒熟後下魚肉並牽頭，滾勻上碗，再加菊花香頭更妙，味滑。

魚捲

鯇魚肉連皮切雙飛，豆粉、鹽花擂勻後，用魚肉、豬

1　同埋：粵語一同的意思。

2　猛鍋：把鍋燒紅。

3　灒：濺。意為在燒熱的鍋裏突然放酒或水，這時候酒或水往往會濺起。

肉琢幼，和鹽水攪至起膠，將魚片釀成捲，下鍋滾之浮水
便熟，取起去湯加牽頭上碗，用小菜燴亦可，味鮮滑。

釀蜆

將蜆先滾熟取肉，和豬肉魚肉同琢幼，豆粉、鹽水、
熟油攪起膠後，用臘鴨尾、蝦米、冬筍、香信、葱白、苔
菜俱切幼粒同拌勻，將蜆殼釀滿合埋 [1]，在鍋蒸熟上碟，味
鮮美。

釀三拼

鴨掌滾熟拆骨，切作二件，生筍出水切雙飛片，冬菇
洗淨，共三樣。用魚肉、豬肉琢幼，和鹽水攪起膠，將此
三物釀齊下鍋蒸熟，砌于碗上，用牽頭滾勻淋在面便妙，
味爽甜香滑。

釀鯪魚

大鯪魚成條，削去鱗，在肚偷 [2] 清肉起骨，用豬肉、
鯪魚同琢極幼，和鹽水攪起膠後，用蝦米、脆花生肉、香
信、葱白切幼粒，齊和勻釀入魚皮內，裝回原條魚大，放

---

1 合埋：合起。
2 偷：即不破壞外觀的前提下挖。

在油鍋煎至黃色取起，加黃酒、白油拌食，味美而雅。

春花

胸肉、魚肉同琢至幼，用馬蹄、香信、苔菜切幼粒和攪至勻，用豬網膏包住捲如竹筒樣，切七分長，用豆粉拌勻下油鍋炸熟取起，加牽頭滾勻上碟，味香甘。

麒麟蛋

用豬肉琢幼，馬蹄、香信、苔菜、蝦米亦琢幼和勻，用腐皮包住，用草紮成如彈子大，紮起放在油鍋炸至黃色取起切開，用牽頭兜勻上碟，味香滑。

鹵肝腎

用鵝鴨肝腎、八角二粒和鹽花，用水滾熟取起去湯，用朱油、紹酒、白糖三味少許，同肝腎齊下滾數滾，取起切片上碟，將汁和麻油淋上拌食。

捲煎

煎雞蛋做皮，用冬笋、香信、蝦米、苔菜、豬肉或叉燒俱切粒，先炒熟放在蛋捲作筒，用些豆粉封口下油鍋走過油，使其相包不散後，切二寸大一件，趁熱上碟作點心，味甘香。

雞蛋糕

每隻雞蛋計用上白糖一兩二錢，標麵八錢，先將雞蛋同麵亂攪至起，然後落白糖再攪，總要以攪得箸多[1]為更好，試以箸挑些放于水上，見其泡起便得，用小銅盆載之，隔水蒸半枝香久便熟，俱用武火蒸之，不可慢火停歇，恐有倒汗水[2]落即不鬆起也，作點心味甚香甜。此味不得落生水，攪蛋面糖或揸幾滴薑汁亦可。

蛋角子

用蝦米、臘肉、香信、冬筍、苔菜、五香豆腐共切幼粒，先炒熟，將雞（蛋）打勻，用匙羹從少下鍋[3]，煎作如茶盅口大薄餅，即下材料在中間作餡，即下鏟兜埋包如角子樣，兩便煎至黃色上碟，味甘而香。

茨菇餅

茨菇去衣磨爛，用蝦米、正菜、香信、臘肉、臘鴨尾、旱芹，俱切幼粒共和勻，下鍋煎作餅如黃色上碟，味甘香。

1　箸多：用筷子攪動次數越多越好。
2　倒汗水：水蒸氣落下的水。
3　從少下鍋：一點點流下鍋。

全節瓜 [1]

節瓜全個，刮去皮毛，切近蒂一塊去囊，將蝦米和琢豬肉、香信、正菜入瓜內蓋回蒂，紹酒一杯和水一杯，隔水燉熖，味清爽。

炒黃菜

雞蛋用熟油多些攪至乾箸，和好鹹蝦 [2] 少許、葱白拌勻，下油在鍋煎之，勿使其火老，然後乃滑味甘香。

會生麵筋

取標麵用水搓成團後，用水泡去澄麵，洗淨留筋作小彈大，下油鍋炸至起透取起，即下冷水泡一、二次，去油氣，用素菜會之，或三菇水會亦可，味爽而滑。

芽菜包

綠豆芽菜去薳 [3]，炒七分熟，小菜用茶瓜、薑、香信、五香豆腐、芫茜俱切幼同炒勻，腐皮 [4] 每張剪五件，將小

1　節瓜：毛瓜。
2　鹹蝦：廣東五邑等地區出產的用鹽醃製的蝦醬。
3　薳：根。
4　腐皮：片狀腐竹。

菜、芽菜包住作小粽子樣，下油鍋煎至黃色上碟，味甘香
而爽甜，此素菜也。

炒牛肉

取脢頭肉[1]用布拭乾血水切薄片，用鹽花、熟油、薑汁
酒擸勻，小菜用苦瓜、旱芹、生薑。用陰火下鍋，將牛肉
鋪在上面，蓋鍋後舉火約滾至熟，即加白油、豆粉、白糖
少許、白醋些少兜勻上碟，再加熟油麻油便合。若苦瓜及
旱芹，須先用鹽擸過乃可。

製烏貓

劏淨用禾草[2]煨過洗淨，開肚去腸臟，斬開出水一次，
下猛鍋煎過，用果皮、圓眼肉同滾至八分燼，取起拆骨切
絲後，用鴨絲、香信、苔菜、生笋、蒜頭俱切絲，圓眼
肉、紅棗同會煮燼，加鹽、白油、熟油拌勻上碟，切不可
下豬肉，貓最忌肥膩。恐滯，下些山楂同燉，不可下雞
絲，恐其燥也。貓宜烏色，其次狸色，若黃色則甚熱[3]也。

....

1　脢頭肉：牛肩肉。

2　禾草：稻草。至此，廣東俗諺中「廣東三件寶：陳皮、老薑、
　　禾桿草」全部登場，都與美食有關。

3　熱：指燥熱，即上火。

燉牛白腩

或根蒂或腩，先以水滾熟洗淨切件，加生薑、燒酒、鹽花下猛油鍋炒之，隨下水加黑醋一大杯、八角二粒燉之，水以浸過牛肉面為度，再加生筍或粉藕[1]齊下同燉至熻，汁不可多，食時加乾醬、白油、熟油上碗。

南乳肉

用五花肉先將（疑漏「其」字）出水取起，切大件下油鍋，炸至紅色取起，用紹酒一大杯開南乳和水燉至八分熻，下雲耳、香信再燉至熻便好，每斤肉用南乳半磚[2]，豬肉不下油炸亦得。

紅水全蹄

豬前全蹄一隻，先出過水取起刮淨，用針向皮剌勻下鍋，用京醬[3]、紹酒和水加八角二粒，水以浸過肉面為度，燉至七八分熻，下栗子燉至極熻上碗。

1　粉藕：蓮藕較粗大老身的幾節偏粉糯，細長嫩身的幾節較爽脆。
2　半磚：半塊。
3　京醬：黃醬。

羅漢齋

即混元齋。油豆腐泡去油，山竹[1]（先滾熟），白果肉（炒過），蠔豉（去沙切件），香信（洗淨），生笋（出水切片），雲耳（洗淨浸透），生百合（洗過），草菇（洗淨沙）。先將蠔豉、生笋、雲耳、白果、百合、油豆腐齊下鍋和水燉之，鍋心下正菜一大子（疑為「撮」）同滾，加熟油四兩同燉至爛後，下草菇滾勻，加白油一杯拌勻上碗，用些瓜菜同會亦可，切不可用金菜、腐乳、麵醬等件，嫌其不雅也。

此法得自淡谷禪師。味濃和。

十香飯

糯米洗淨，用蝦米、臘肉、正菜、香信、脆花生肉等件切粒，同和水併熟油煲熟，加煎雞蛋、葱白、五香豆腐、燒鵝皮共切碎拌勻，下油煎之上碟，味香甘軟滑。

荷包飯

用頂上油占米洗淨熟油拌勻，和蝦米、叉燒、火鵝皮、香信、熟栗肉用（疑為「共」字）和勻，用荷葉隔水

1　山竹：枝竹。

荷包飯

蒸至熟，取起拌勻，食之香甘，莞人[1]常用此法。

製蜆介[2]

　　大蜆生去殼取肉，勿浸水，用篩格乾水氣，將（用）砵（鉢）載住蜆肉一斤，炒鹽三兩、生薑二兩、炒過生果皮[3]五錢、切粒白豆四分、炒香八角四粒同豆炒，雙料酒三兩將蜆肉坪材料拌勻，用些蜆肉汁同拌入罌，熟油封口，俟十日間可食，味香滑而野。

1　莞人：廣東東莞人。

2　介：芥。

3　生果皮：這裏特指橘子皮，即鮮橘子皮。

製柚皮

柚皮水泡去清苦味，柚皮一個、膏汁四兩，豆豉一兩、原豉二兩樁極幼格渣，朱油、白油（各）三兩，黃（片）糖一件，合和勻柚皮上隔水燉至極煳後，加炒芝麻和勻在皮上取食，味香而滑。

製杬欖子

用新油杬（欖[1]）子取無鹽者，每杬（欖）一斤用白油六兩拌勻曬之，如白油尚剩再浸再曬至乾，入罌內俟過熱氣取食，味香而和。若霜降後不可買，恐有松香氣也。

鹹蝦仁面[2]

仁面用油炒過，緊（僅）至青色為度取起，約仁面一斤，用好鹹蝦四兩拌勻入罌，熟油封口二日返[3]（翻動）一次，如有水領出[4]，滾過俟停凍，再入罌浸之八日可食，味甚開胃。

1　欖子：即欖角。

2　仁面：南方一種喬木的果子，貌似人面，味酸，可食。

3　返：翻。

4　領出：溢出。

豉仁面

先將仁面用刀戒[1]開，上面四索（開）、下便勿使相離，用油炒過，每斤仁面用淡豆豉四兩，鹽三兩，俱炒焦研末，和芝麻及香料共為拌勻，兼在仁面索內入罨，用熟油封口，十日可食，味和而香爽。

製皮蛋

鴨蛋一百隻，武夷茶四兩，煎濃取汁，篩過石灰三飯碗，篩過集（疑為「雜」）灰七飯碗，鹽十兩拌勻和作團，分作百個，每隻蛋用一個包住，用柴灰曬（灑）勻放入缸內，四十日勿動可食，如欲有花紋，竹葉灰、松葉灰、梅花灰和入柴灰內即存花紋。

製臘肉

豬肉精肥各半，每斤用鹽三錢擦勻，放在盆內腌過一宿，遞朝[2]取起以大熱水拖過挂爽，曬一日後用好朱油和乾醬擦勻，曬至乾入缸，或用紙封密挂近烟火處，味自香美，冬前為佳。

1　戒：鋸，剖開。

2　遞朝：粵語，即第二天早上。

臘猪頭

猪笑面皮薄者為佳，用硝鹽擦過皮，腌至過夜取起，用大熱水洗過挂日頭處，略曬乾，用朱油、汾酒、乾醬搽勻曬乾，入缸數日方可食，味香爽，食時須（需）要片薄。

臘猪腸

用肥肉少、瘦肉多切碎，每斤用鹽三錢、朱油、汾酒、生果皮絲和勻入腸內，紮住以針刺之，曬乾入缸。猪腸要細條的，去清膏衣乃可，初入起曬時，用熱水淋過方可曬，取其鮮明，必遇好北風臘之，若回（疑缺「南」[1]）便不佳矣。

臘猪潤

取乾水猪潤原件針刺過，用鹽腌去血水，曬一日夜，用薑汁、汾酒、白油腌之再曬，至夜間用磚責實[2]，次日又用所余薑汁酒腌之，曬至乾透入缸數日可食，蒸熟兼臘肉上面，味甘香。

1　回南：即回南天的簡稱，北風天本來氣候乾燥，忽然南風強大，氣候則濕度高，不宜食臘肉。廣東人所謂臘肉，本應在臘月製作，風味才佳。

2　責實：壓結實。

金銀潤

先將豬潤切成大長條，中穿一大眼，用鹽腌去血水曬一日，用薑汁、汾酒、白油腌之，中間入肥臘肉一條，挂當日處曬乾，入缸蒸熟切片，肥肉自然相貼不離，味甘香。

臘肉豉

凡肥肉豉不可曬十分乾，太乾則堅木不可食。用肥脢肉切厚塊，每斤用鹽二錢五分，好朱油搽勻曬乾入缸味香。此物只初起北風臘便可，至冬時則有臘肉無用此也。

臘豬心

豬心切開如一塊樣，用鹽腌去血水晾乾後，用白油、汾酒搽勻曬至九五乾便可入缸，蒸熟切薄片食之，味甘香。

金銀腸

用豬潤切片鹽腌去血水，豬肥肉切件，多些瘦肉，汾酒、朱油、生果皮絲每斤鹽二錢和勻入腸內，紮好針刺過，熱水淋過，挂起曬乾入缸，數日方可食，味更甘香。

臘豬肚

取近蒂處切開如成塊，用鹽腌去水氣後，用汾酒、姜

汁、白油拌勻曬至九五乾便可入缸，蒸熟切薄片，味香而爽。不可曬至極乾，恐其不爽也。

臘腳包

用鴨掌拆骨，鹽腌過，用鴨潤切長條，薑汁、汾酒、朱油腌過，肥肉切長條，用鴨腸洗淨，薑汁酒、豉油亦腌過，切五六寸長，一條肥肉一條潤，將鴨掌包住，用鴨腸紮實，曬乾入缸蒸熟。味香而甘。

臘豬腳

用豬腳取細者切開成塊，先刮去毛，用鹽及汾酒、白油腌過曬乾入缸，食時斬開同蠔豉燉焾，或用生豬腳同燉亦佳。味甘香。

臘燒肉

斬至八兩一段，用朱油、汾酒腌過曬乾入缸，如食時，斬塊同蠔豉煲焾，味極甘香。

臘棉羊腸

將羊肉切碎，用薑汁、汾酒腌過，和肥肉、朱油每斤用鹽三錢和勻，照臘豬腸法便可，味更甘香。

臘鮻魚

鮻魚去鱗開振[1]，用鹽腌過一夜，次早用熱水淋過曬乾，埋缸每條斬開三四件、去頭，用糯米糟腌之入缸，用熟油封口，三五日可食，下飯蒸至緊熟便妙，味香甜而滑。

晾肉

每肉一斤先用淮鹽[2]二錢、熟鹽錢半、白糖錢半、牙硝[3]五分擦勻，將肉先曬一日後，落好原豉五錢（杵[4]極爛），上朱油錢半、汾酒二錢和勻塗在肉上，用沙紙封好挂在當風處，候吹乾便可食。

當挂在簷邊[5]有風無日處，雖雨水天、南風亦不變壞，其法甚佳。外江人多用此法。

....

1 振：粵語即展，攤開。
2 淮鹽：用五香粉炒的鹽。
3 牙硝：芒硝。
4 杵：樁。
5 簷邊：即簷邊。

粵菜萬花筒

韓伯泉　著

責任編輯　李茜娜
裝幀設計　譚一清
排　　版　賴艷萍
印　　務　劉漢舉

出版　　中華書局（香港）有限公司
　　　　香港北角英皇道 499 號北角工業大廈一樓 B
　　　　電話：（852）2137 2338　傳真：（852）2713 8202
　　　　電子郵件：info@chunghwabook.com.hk
　　　　網址：http://www.chunghwabook.com.hk

發行　　香港聯合書刊物流有限公司
　　　　香港新界荃灣德士古道 220-248 號
　　　　荃灣工業中心 16 樓
　　　　電話：（852）2150 2100　傳真：（852）2407 3062
　　　　電子郵件：info@suplogistics.com.hk

版次　　1990 年 10 月初版
　　　　2022 年 9 月第二版
　　　　2024 年 8 月第二版第二次印刷
　　　　© 1990 2022 2024 中華書局（香港）有限公司

規格　　32 開（190mm×130mm）

ISBN　　978-962-231-747-5